沿海地区海水入侵图集

陈广泉　韩伟涛　姜军成　于洪军　等　编著

科学出版社
北京

内 容 简 介

  本图集是一部介绍我国沿海地区海水入侵现状、地下咸水体分布情况的专业性著作。本图集基于 2018 年全国沿海地区地下水调查数据，全面、系统地梳理了我国沿海地区海水入侵成因、分布与类型，重点对辽宁、河北、天津、山东等 11 个沿海省（区、市）海水入侵现状、地下咸水体分布情况及监测站位情况进行了科学分析，确定了各地区海水入侵类型和分布范围。

  本图集包含 35 幅图幅，可供从事海洋地质、水文地质、环境科学、海岸带空间规划与利用、海水入侵等相关领域研究与教学工作的科研人员、高等院校师生参阅。

审图号：GS〔2022〕2814 号

图书在版编目（CIP）数据

中国沿海地区海水入侵图集/陈广泉等编著. —北京：科学出版社，2022.6

  ISBN 978-7-03-070560-0

  Ⅰ. ①中… Ⅱ. ①陈… Ⅲ. ①沿海–地区–地下水污染–中国–图集 Ⅳ. ① X523-64

  中国版本图书馆 CIP 数据核字（2021）第 229692 号

责任编辑：朱　瑾　习慧丽/责任校对：郑金红
责任印制：肖　兴 /封面设计：无极书装

科学出版社 出版
北京东黄城根北街 16 号
邮政编码：100717
http://www.sciencep.com

北京九天鸿程印刷有限责任公司 印刷
科学出版社发行　各地新华书店经销
*

2022 年 6 月第 一 版　开本：787×1092　1/8
2022 年 6 月第一次印刷　印张：10
字数：231 000

定价：808.00 元
（如有印装质量问题，我社负责调换）

编著人员名单

主要编著人员：陈广泉　自然资源部第一海洋研究所

　　　　　　　韩伟涛　潍坊市海洋发展研究院

　　　　　　　姜军成　国家海洋局烟台海洋环境监测中心站

　　　　　　　于洪军　自然资源部第一海洋研究所

其他编著人员：纪殿胜　国家海洋局烟台海洋环境监测中心站

　　　　　　　徐兴永　自然资源部第四海洋研究所

　　　　　　　唐玉光　寿光市海洋渔业发展中心

　　　　　　　宋　凡　水利部信息中心

　　　　　　　刘　艳　国家海洋局烟台海洋环境监测中心站

　　　　　　　宋　洋　国家海洋局烟台海洋环境监测中心站

　　　　　　　刘文全　自然资源部第一海洋研究所

　　　　　　　付腾飞　自然资源部第一海洋研究所

　　　　　　　苏　乔　自然资源部第一海洋研究所

　　　　　　　王小清　国家海洋局烟台海洋环境监测中心站

　　　　　　　王延诚　自然资源部第一海洋研究所

前　言

　　我国拥有大陆海岸线 1.8 万多千米，内海和边海的水域面积约 470 多万平方千米，海域分布有大小岛屿 7600 多个，是世界上海岸线最长、海域最大的国家之一。红树林、珊瑚礁、海藻床、柽柳林等多种海洋生态系统和谐共存，海洋生物多样性指数高，但由于全球气候变暖、海平面上升和人类活动日趋频繁等因素的影响，海洋生态正面临着前所未有的威胁。

　　自 2016 年以来，自然资源部（原国家海洋局）第一海洋研究所联合国家海洋局烟台海洋环境监测中心站、潍坊市海洋发展研究院、中国地质调查局青岛海洋地质研究所、水利部信息中心、南京水利科学研究院等多家单位，在我国沿海地区开展了海水入侵调查工作。本图集编著人员本着直观、易懂、实用的原则，编著了《中国沿海地区海水入侵图集》。

　　本图集从理论的维度、专业的视角，通过对 2180 组地下水监测数据插值分析和实地调查研究，绘制了 35 幅高清图，明确了我国地下咸水体面积（约为 8.67 万平方千米）和海水入侵总面积（约为 1.13 万平方千米），以及 2 种海水入侵类型，即古海水（咸水）入侵和现代海水入侵，并系统分析了海水入侵对我国沿海地区工农业生产、人类生活、海洋生态等方面的影响，旨在为当地政府和企事业单位开展海洋灾害防治、海岸带生态修复等工作提供参考。

　　由于编者水平有限，本图集难免会出现不当之处，请广大热爱和关心海洋事业的读者予以批评指正。

陈宁泉

2022 年 6 月 8 日

目　　录

图　　例

一、专题要素

（一）氯离子浓度

✚ 氯离子浓度＜250mg/L

✚ 250mg/L≤氯离子浓度＜1000mg/L

✚ 氯离子浓度≥1000mg/L

（二）监测站位入侵类型及程度

◉ 海水严重入侵

◉ 海水轻微入侵

◉ 咸水入侵

◉ 未入侵

（三）岸线类型

——— 基岩岸线

——— 河口岸线

——— 淤泥质岸线

——— 生物岸线

——— 砂质岸线

（四）入侵类型

咸水体

海水入侵范围

二、含水岩组及其富水程度

（一）松散岩类孔隙含水岩组

富水程度极强

富水程度强

富水程度中等

富水程度弱

富水程度极弱

（二）碎屑岩类孔隙裂隙含水岩组

碎屑岩类富水程度中等

碎屑岩类富水程度弱

碎屑岩类夹碳酸盐岩类富水程度中等

碎屑岩类夹碳酸盐岩类富水程度弱

碎屑岩类-浅变质岩类富水程度弱

（三）碳酸盐岩类裂隙岩溶含水岩组

碳酸盐岩类富水程度强

碳酸盐岩类富水程度中等

碳酸盐岩类富水程度弱

碳酸盐岩类夹碎屑岩类富水程度强

碳酸盐岩类夹碎屑岩类富水程度中等

碳酸盐岩类夹碎屑岩类富水程度弱

（四）岩浆岩类裂隙含水岩组

侵入岩类富水程度弱

喷出岩类富水程度中等

喷出岩类富水程度弱

（五）变质岩类裂隙含水岩组

变质岩类富水程度中等

变质岩类富水程度弱

中下更新统承压含水岩组缺失区

水

中国沿海地区地下咸水体分布图

地下咸水体是指矿化度大于 1g/L 的地下水形成的水体。地下咸水体溶解有较多盐类物质，味道咸、苦，无法直接饮用，往往给当地生态环境带来重大影响。

我国大陆海岸线长 1.8 万多千米，淤泥质岸线占 43%，主要集中在天津市、上海市、江苏省、山东省、福建省、浙江省、广东省沿海地区；砂质岸线占 37%，基岩岸线占 13%，两种类型岸线主要集中在辽宁省、广东省、山东省沿海地区；生物岸线及河口岸线占 7%。咸水体的分布与岸线类型密切相关，淤泥质岸线区域潮间带广阔，地势平坦，易受地下水开采等活动影响形成大范围咸水体；砂质岸线区域易受海水入侵影响形成咸水体；江河入海口区域易受河流入海径流和海洋潮汐共同影响形成咸水体。

本图集通过对 2180 组地下水监测数据进行插值分析，首次绘制了我国沿海地下咸水体分布范围并统计了面积，我国地下咸水体面积约为 8.67 万 km²，山东、江苏、河北三省咸水体面积分别达 25 236.88km²、20 549.96km²、18 788.45km²，占总面积的 74.51%。咸水体包括 3 种类型，即现代海水入侵引起的地下咸水体、晚更新世以来海侵海退赋存在海相地层中的古海水咸水体、古海水入侵引起的咸水体。

咸水体面积及占比统计表

	省份	咸水体		各省面积占比（%）
		面积（km²）	占比（%）	
1	辽宁	4 902.82	5.66	3.34
2	天津	8 185.45	9.44	69.42
3	河北	18 788.45	21.68	9.18
4	山东	25 236.88	29.12	16.19
5	江苏	20 549.96	23.71	20.03
6	上海	4 261.93	4.92	52.89
7	浙江	2 117.93	2.44	2.02
8	福建	206.65	0.24	0.17
9	广东	2 275.45	2.63	1.28
10	广西	51.15	0.06	0.02
11	海南	92.03	0.11	0.27

中国沿海地区地下咸水体分布图

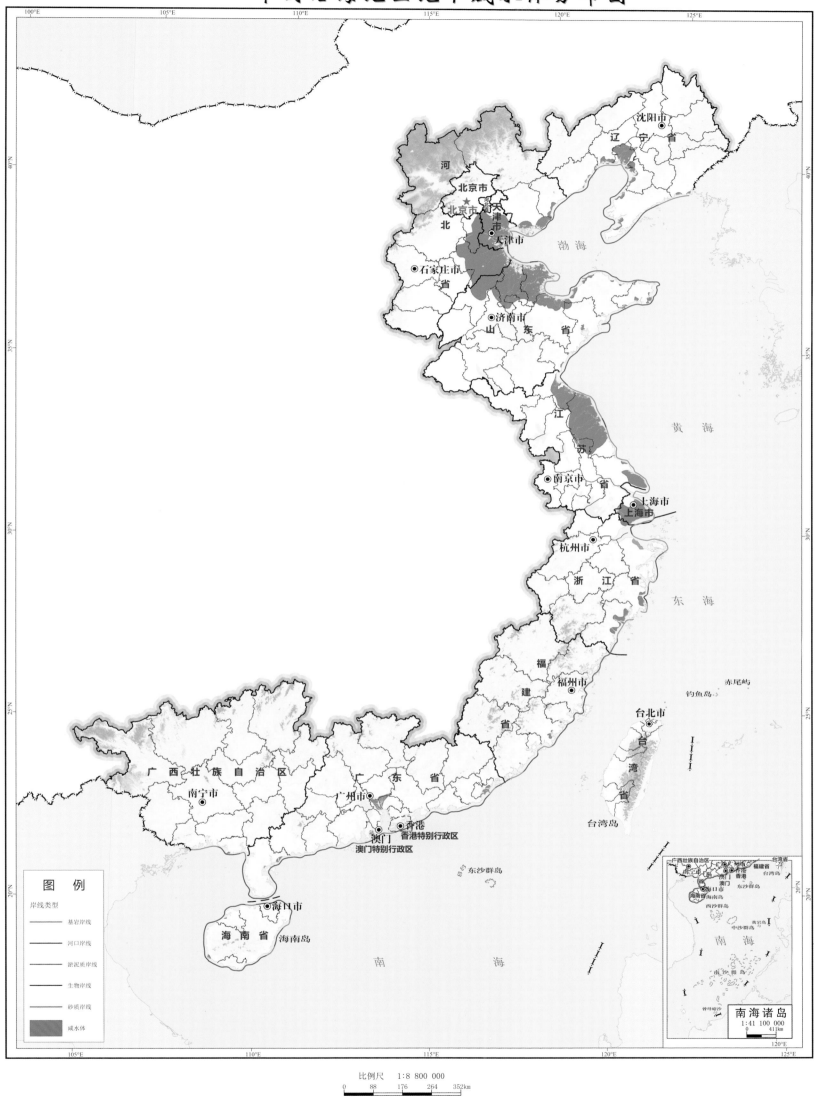

比例尺 1:8 800 000

0 88 176 264 352km

图幅 2

中国沿海地区海水入侵现状图

海水入侵是指在自然或人为因素影响下，滨海地带含水层的水动力条件发生改变，破坏了淡水与海水之间的平衡状态，导致海水沿含水层向内陆方向侵入和渗透的现象。海水入侵会导致地下淡水变咸、土壤次生盐渍化等一系列生态问题，是沿海地区常见的海洋自然灾害之一，气候变化、海平面上升、地下水超采都是引发海水入侵的重要因素。

截至 2018 年，我国沿海地区海水入侵总面积为 11 280.5km²，分为古海水入侵和现代海水入侵两种类型，河北、辽宁、广东三省海水入侵面积分别达 2862.50km²、2472.05km²、2275.45km²，占海水入侵总面积的 67% 以上；淤泥质岸线和砂质岸线对应的松散岩类平原区易发生海水入侵，入侵面积分别为 6096.1km²、4471.0km²，占海水入侵总面积的 94% 左右。

海水入侵面积与不同岸线类型统计表

	岸线类型	岸线长度（km）	海水入侵面积（km²）
1	河口岸线	230.9	334.2
2	基岩岸线	2583.6	295.4
3	砂质岸线	7201.6	4471.0
4	生物岸线	1177.2	83.8
5	淤泥质岸线	8231.1	6096.1

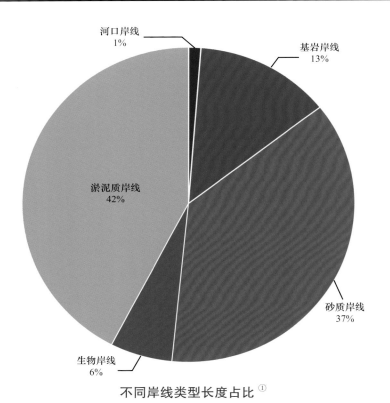

不同岸线类型长度占比①

---

① 本书部分数据进行过舍入修约

中国沿海地区海水入侵现状图

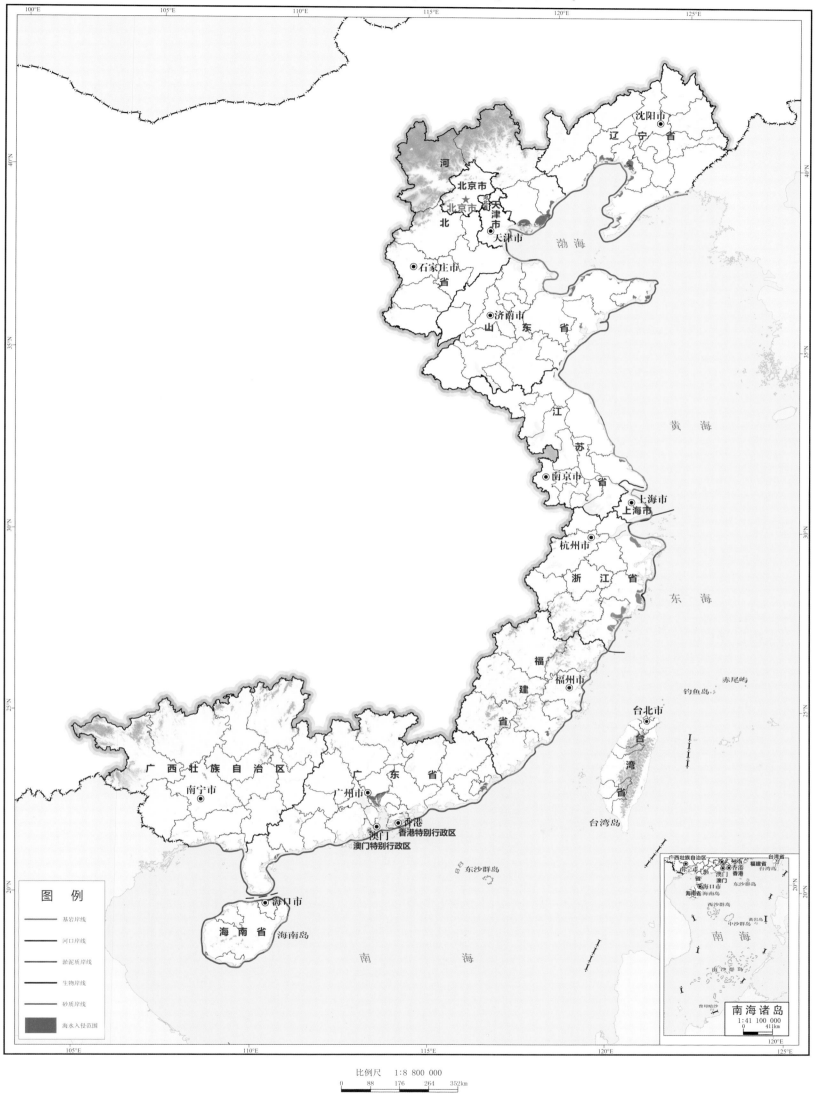

图例

— 基岩岸线

— 河口岸线

— 淤泥质岸线

— 生物岸线

— 砂质岸线

■ 海水入侵范围

比例尺 1:8 800 000

0　88　176　264　352km

南海诸岛
1:41 100 000
0　411km

河北省、天津市咸水体分布图

河北省、天津市地下咸水体面积为 26 973.90km²，占全国沿海地区咸水体面积的近三成，主要分布在河北省的秦皇岛市、唐山市、沧州市滨海地区和天津市的滨海新区、东丽区、津南区等。该地区受地质构造和古地理条件的控制，中晚更新世及全新世沉积地层中广泛分布地下咸水体，古渤海的多次海侵及河流冲积淡化改造，形成北部及西北部河道上游较薄的咸水层，而东南近海地带咸水层厚度增大。其中，河北省随着地下水资源开采量的加大，地下水位不断下降，打破了原有的水力平衡，造成海水侧渗淡水层，咸水体面积不断增大，该区域 15.2% 的咸水体面积由海水入侵造成；天津市地下咸水以海相成因为主，受近海海水蒸发和地下水开采影响，地下水咸化日趋严重，土壤盐渍化加剧。

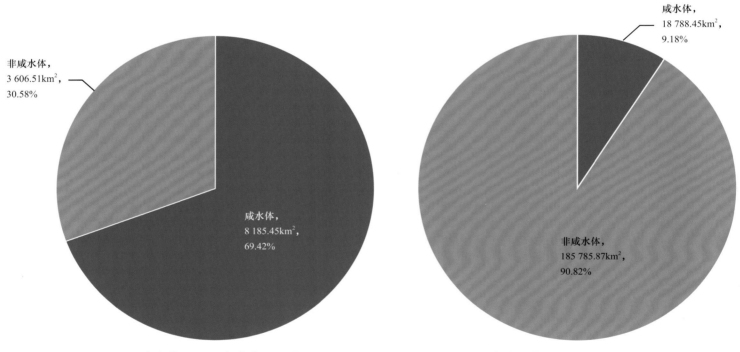

天津市咸水体面积及在本市面积中占比　　　　　　河北省咸水体面积及在本省面积中占比

河北省、天津市咸水体分布图

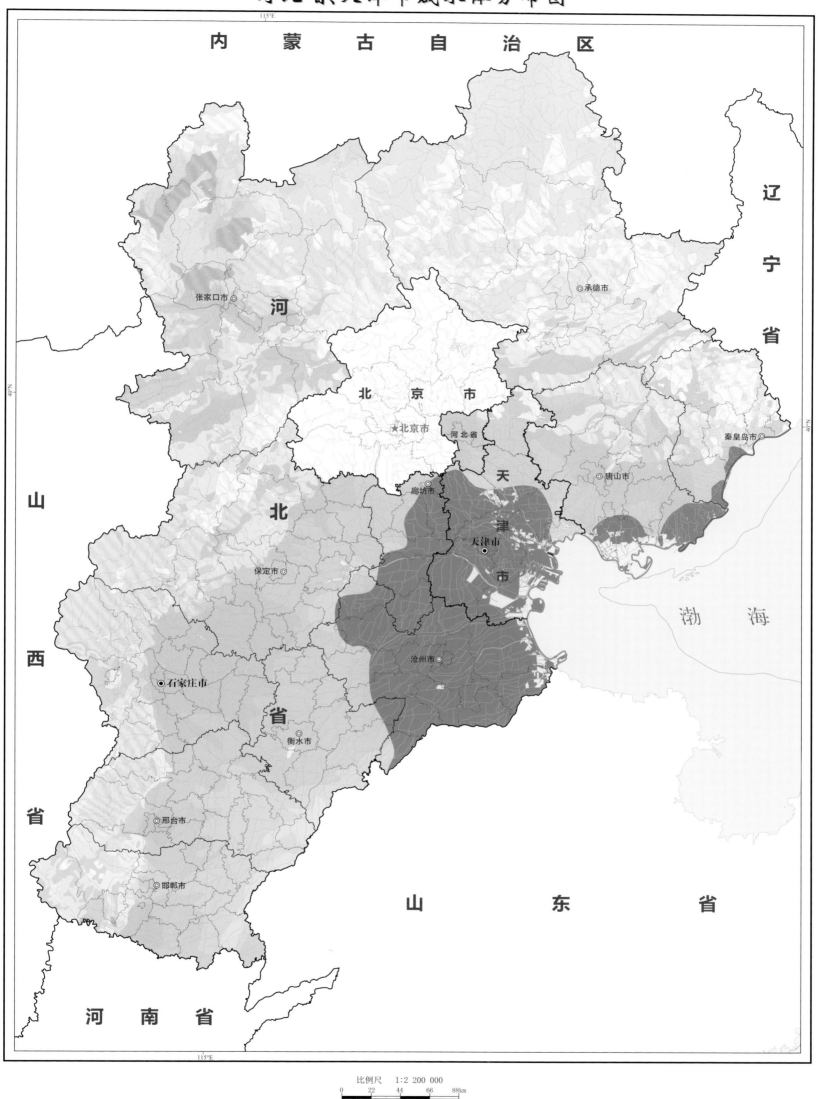

内 蒙 古 自 治 区

辽 宁 省

河 北 省

山 西 省

河 南 省

山 东 省

北 京 市

天 津 市

渤 海

张家口市 ◎

承德市 ◎

秦皇岛市 ◎

北京市 ★

河北省

廊坊市 ◎

天津市 ◎

唐山市 ◎

保定市 ◎

石家庄市 ◎

沧州市 ◎

衡水市 ◎

邢台市 ◎

邯郸市 ◎

115°E

比例尺   1:2 200 000

0   22   44   66   88km

图幅 4

河北省、天津市海水入侵现状图

河北省、天津市是环渤海经济圈的核心地带，但随着沿海经济迅速发展和城市化进程的加快，地下淡水持续开采诱发了海水入侵问题。

河北省海水入侵面积为 2862.50km²，是全国海水入侵最严重的省份，主要分布在唐山市、秦皇岛市，主要在淤泥质岸线（333.50km）和砂质岸线（221.27km）处发生海水入侵，淤泥质岸线和砂质岸线处海水入侵面积分别为 1645.43km²、1210.92km²，占全省总入侵面积的 99.8%。秦皇岛市海水入侵方式为：昌黎滨海平原以含水层入侵为主，河流附近主要为带状入侵方式；洋戴河区近海岸以含水层入侵为主，内陆区以沿河道、构造裂隙带状入侵为主；北戴河新河区以构造裂隙带状入侵为主；汤河、石河区近海岸以面状入侵为主，潟湖区以面状入侵为主，其他区域以沿现代河道和古河道带状入侵为主。唐山市滨海地区以含水层入侵、越流入侵为主。

天津市海岸线主要为淤泥质岸线（318.00km），占全市岸线总长度的 99% 以上，零星存在几处河口岸线，该地区自晚更新世以来经历了四次海水入侵，地下含水层赋存着大量古海水（近代入侵多为混合型，本次调查不作为海水入侵类型）。

河北省海水入侵面积与不同岸线类型统计表

	岸线类型	岸线长度（km）	海水入侵面积（km²）
1	河口岸线	2.55	6.15
2	基岩岸线	2.58	0
3	砂质岸线	221.27	1210.92
4	淤泥质岸线	333.50	1645.43

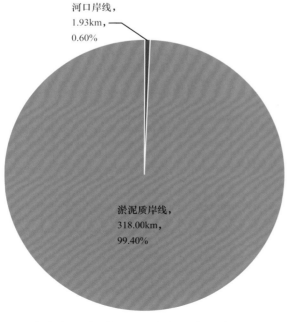

天津市岸线类型长度及在本市岸线中占比

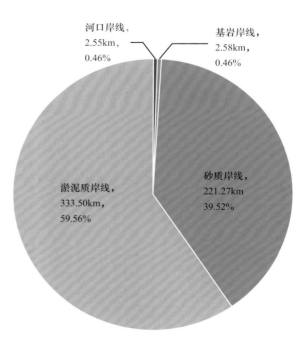

河北省岸线类型长度及在本省岸线中占比

河北省、天津市海水入侵现状图

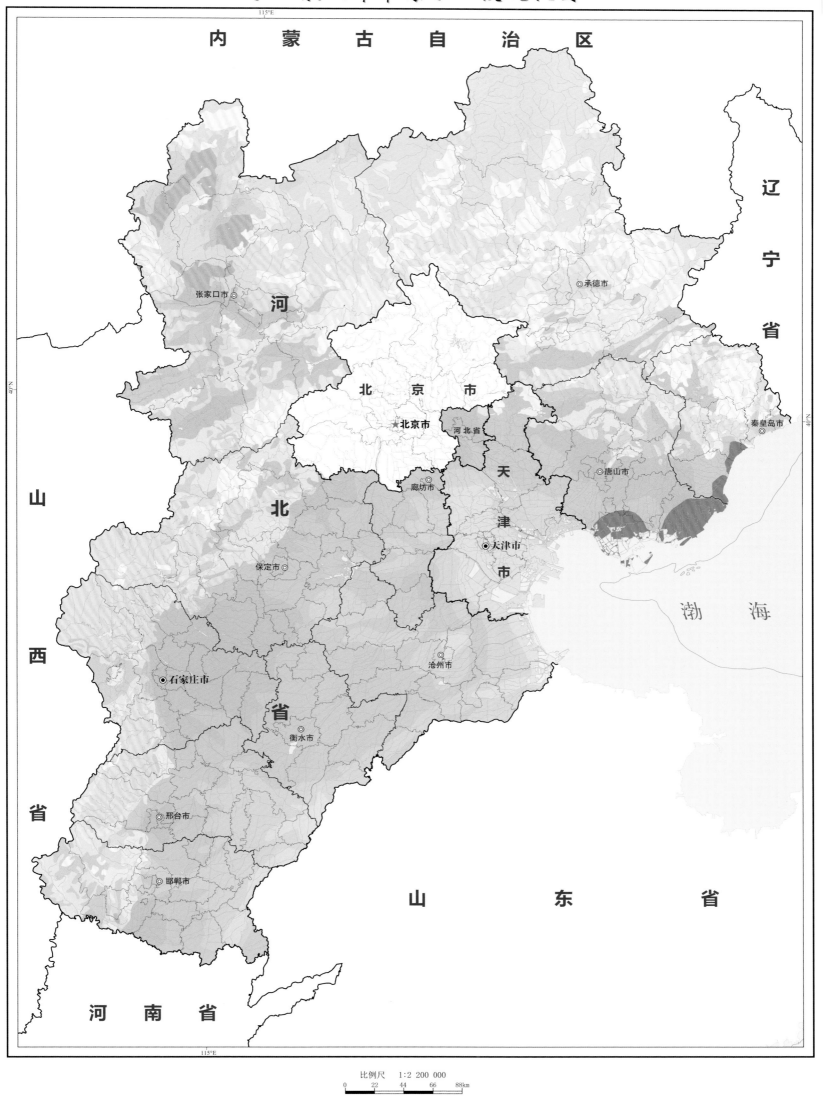

内 蒙 古 自 治 区

辽 宁 省

山 西 省

河 北 省

山 东 省

河 南 省

渤 海

张家口市

承德市

秦皇岛市

北 京 市
★北京市

河北省

唐山市

天 津 市

廊坊市

天津市

保定市

沧州市

石家庄市

衡水市

邢台市

邯郸市

比例尺　1:2 200 000

0　22　44　66　88km

河北省、天津市监测站位分布图

　　河北省、天津市共布设 279 个站位，主要监测指标为水位、氯离子浓度和矿化度，其中 53 个站位开展了稳定同位素和全离子分析。入侵类型分析结果表明：16 个站位未发现入侵，24 个站位为咸水型入侵，13 个站位为海水入侵。海水入侵类型中仅有两处为严重型，其他为轻微入侵。

　　天津市：地下水趋势线的斜率与地区大气降水线（LMWL）的基本一致，但偏离当地大气降水线较远，且地下水与卤水分布在趋势线的两侧，表明天津市地下水与卤水之间存在水力联系。而天津市地下水同位素的分布范围超出了淡水与海水的混合线范围，且氢氧同位素的含量随着氯离子浓度的增加而上升，表明天津市地下水受到古咸水入侵的影响。现代海水的溴氯比约为 1.5×10^{-3}，而天津市的地下水及地表水的溴氯比均高于现代海水的溴氯比，同时，地下水点分布在淡水与卤水的混合线附近，且超出淡水与海水的混合线范围，进一步证明天津市的地下水受到古咸水入侵的影响。

　　河北省：地下水氯离子与氧同位素整体上分布在淡水与海水的混合线两侧，且大部分位于 0～10% 的混合区间，同时，随着氯离子浓度的增加，氢氧同位素含量上升，表明地下水受到海水入侵的影响。根据氢氧同位素组成特征，秦皇岛市地下水点分布在全球大气降水线（GMWL）及当地大气降水线两侧，表明秦皇岛市地下水来源于大气降水。地下水的溴氯比明显高于现代海水及秦皇岛市近岸海水的溴氯比，且地下水点分布于淡水与海水混合线的上方，偏离混合线，表明海水不是地下水中溴离子的唯一来源，可能受人类活动影响。

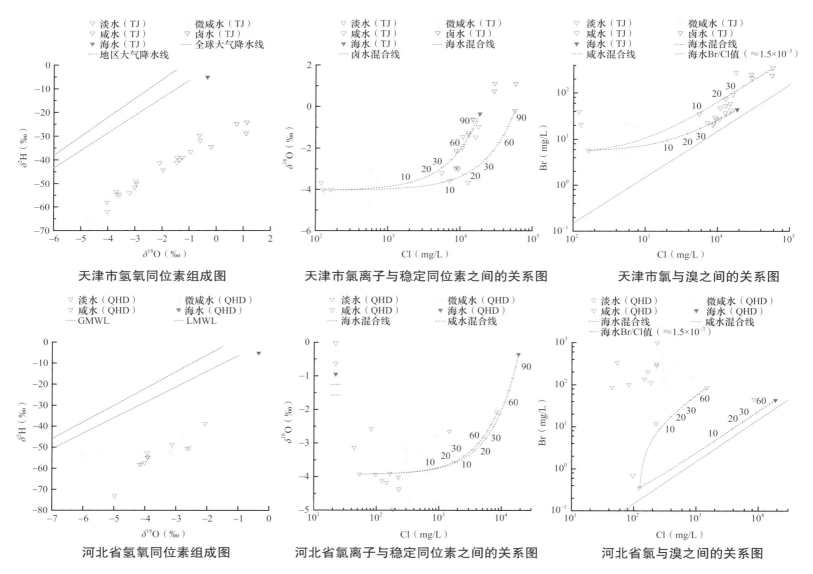

天津市氢氧同位素组成图　　　　天津市氯离子与稳定同位素之间的关系图　　　　天津市氯与溴之间的关系图

河北省氢氧同位素组成图　　　　河北省氯离子与稳定同位素之间的关系图　　　　河北省氯与溴之间的关系图

河北省、天津市监测站位分布图

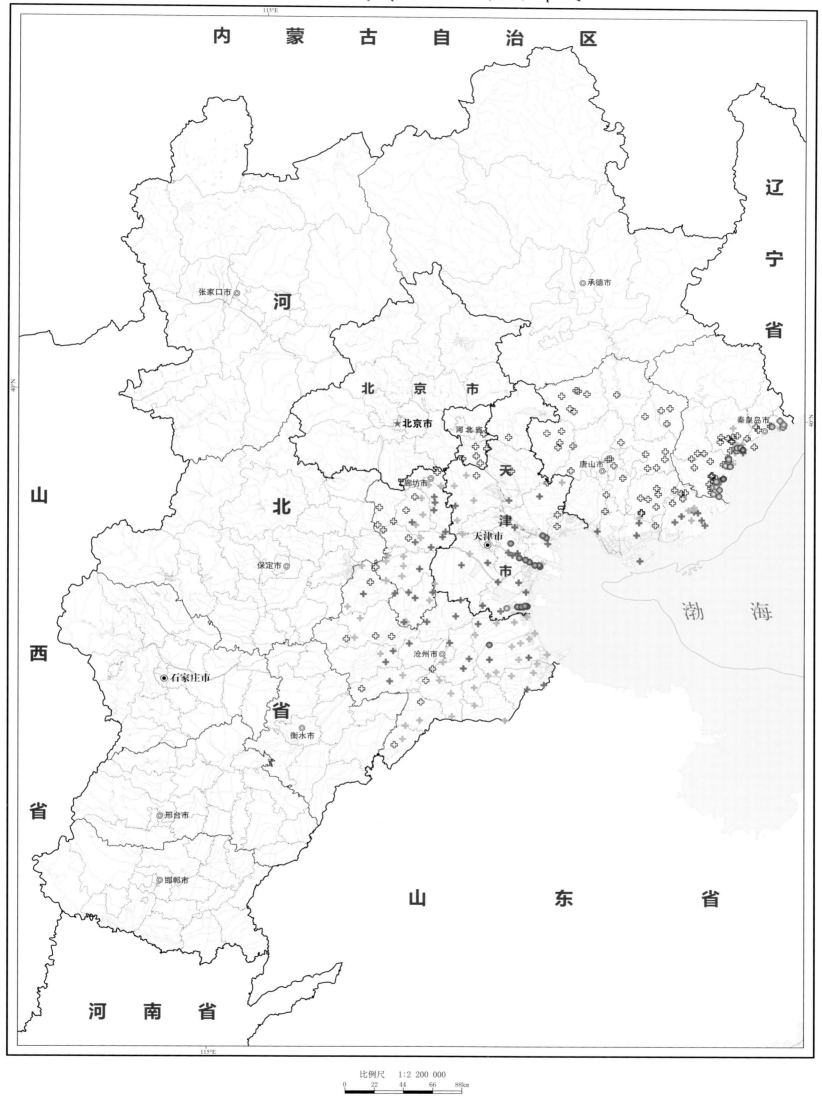

比例尺 1:2 200 000

0 22 44 66 88km

辽宁省咸水体分布图

辽宁省海岸线东起鸭绿江口，西至河北省山海关老龙头，地势由西北向东南阶梯式降低，形成狭长的滨海平原，在原生海相沉积和人类活动的共同作用下，辽宁省沿海地区的咸水体区域分布特征明显。调查显示，辽宁省咸水体面积 4902.82km²，主要分布在盘锦市、营口市等地区，为古海水入侵残留的大量海水，长期受地质作用，加之滨海平原径流条件较差，形成了现代下辽河平原咸水体。受大规模地下水开采影响，葫芦岛市兴城市曹庄镇岸段和天角山附近岸段、盖州市岸段等有零星咸水体分布。

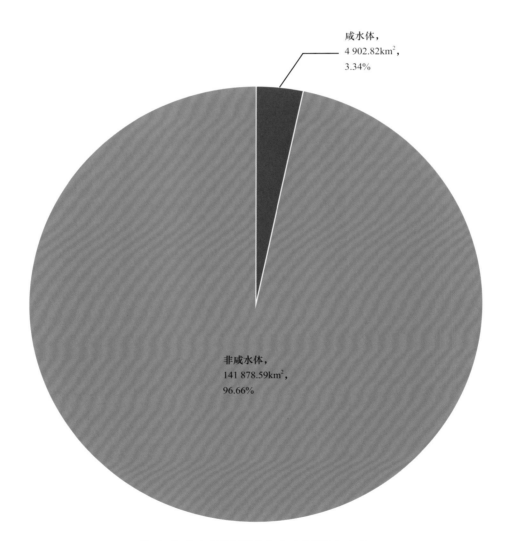

咸水体，
4 902.82km²，
3.34%

非咸水体，
141 878.59km²，
96.66%

辽宁省咸水体面积及在本省面积中占比

辽宁省咸水体分布图

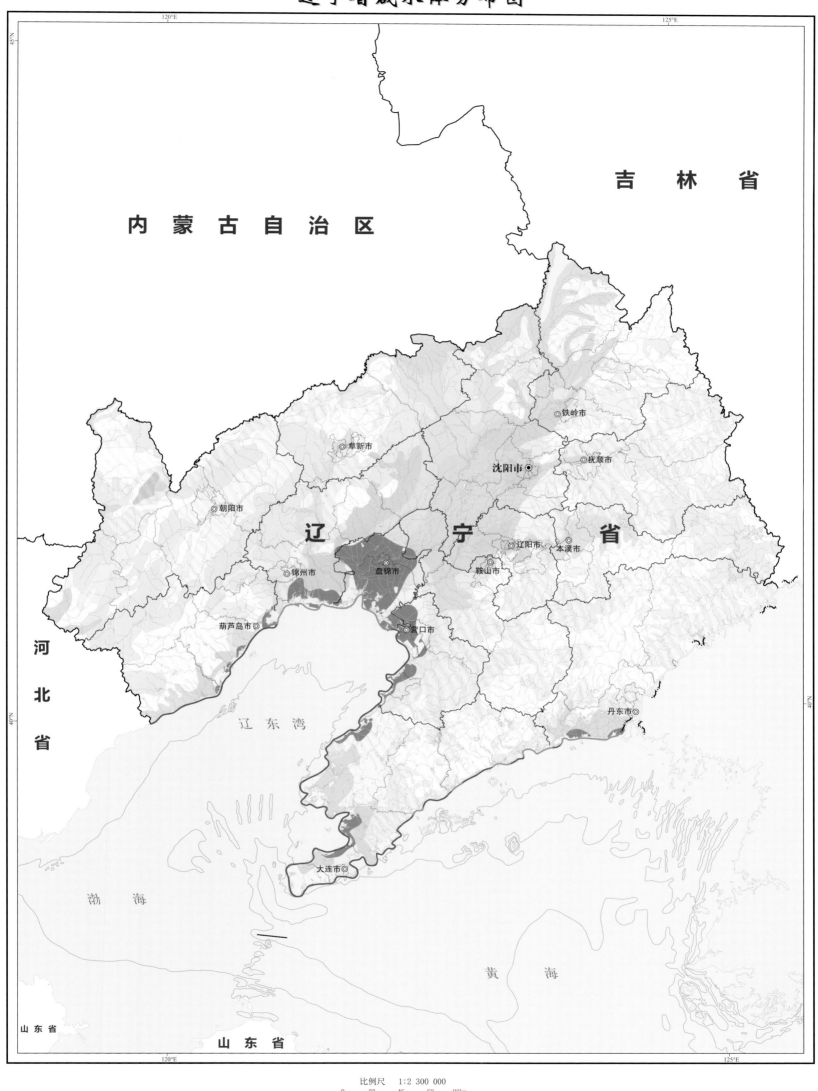

内蒙古自治区

吉　林　省

河北省

辽　宁　省

渤　海

辽东湾

黄　海

山东省

山东省

比例尺　1:2 300 000

0　23　46　69　92km

辽宁省海水入侵现状图

　　近年来，随着工农业用水量加大，地下水开采量持续上升，导致地下水位下降，引发了不同程度的海水入侵现象，集中分布在辽河三角洲地区、辽西走廊、大连等沿海地区。

　　大连市海水入侵主要是沿断裂带入侵，地质水平方向以线状为主的条带状发育是海水入侵的主要部位和主要通道。营口市海水入侵主要发生在沿海的砂质和基岩海岸段，区域内基岩裂隙水和松散岩类孔隙水发育完整，海水沿松散岩层呈层状和沿着基岩构造裂隙呈线状向内陆侵入。锦州市海水入侵类型主要为河口入侵和含水层入侵，区域内含水层系多层结构，岩性以粗砂、中砂、细砂为主，海水通过砂质海滩、河故道、潮沟渗入。葫芦岛市海水入侵主要为含水层入侵和越流入侵，入侵形态平行于海岸呈条带状，区内上更新统冲洪积砂砾石、砂砾卵石混土含水层是咸淡水同一含水层，并向海底延伸，为海水入侵提供了有利的水文地质条件。

　　辽宁省海水入侵面积为 2472.05km^2，96% 的海水入侵区域集中于砂质岸线和淤泥质岸线处，入侵面积分别为 1236.73km^2、1138.06km^2。砂质岸线主要分布在辽东湾东西两侧及辽东半岛东岸，淤泥质岸线主要分布在辽东湾北部，淤泥质岸线虽短，但地处平原地区，地势较低，受海平面上升和松散岩类孔隙水的水文地质条件影响更大，易发生海水入侵。

辽宁省海水入侵面积与不同岸线类型统计表

	岸线类型	岸线长度（km）	海水入侵面积（km^2）
1	河口岸线	20.08	48.55
2	基岩岸线	152.04	48.71
3	砂质岸线	1339.48	1236.73
4	淤泥质岸线	600.29	1138.06

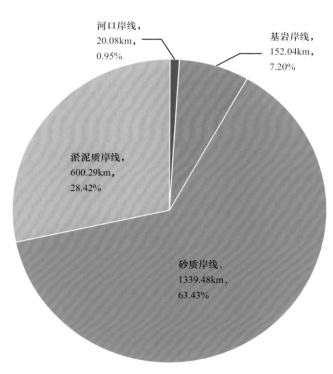

辽宁省岸线类型长度严在本省岸线中占比

辽宁省海水入侵现状图

内蒙古自治区

吉 林 省

朝阳市

铁岭市

阜新市

沈阳市

抚顺市

辽   宁   省

辽阳市

本溪市

锦州市

盘锦市

鞍山市

葫芦岛市

营口市

河北省

辽 东 湾

丹东市

渤 海

太连市

黄 海

山东省

山 东 省

比例尺　1:2 300 000

0　　23　　46　　69　　92km

辽宁省监测站位分布图

辽宁省共布设 404 个站位，主要监测指标为水位、氯离子浓度和矿化度，其中 67 个站位开展了稳定同位素和全离子分析。入侵类型分析结果表明：45 个站位未发现入侵，4 个站位为咸水型入侵，18 个站位为海水入侵。海水入侵类型中仅有 3 处为严重型，其他为轻微入侵。

辽东湾：地下水中氢氧同位素组成显示，辽东湾地下水样分布在当地大气降水线的右侧，且在淡水与海水之间呈线性分布，表明当地地下水来源于大气降水，而地下水中的盐分主要来源于海水入侵的混合作用，且受到强烈蒸发作用的影响。同位素、溴离子与氯离子的关系图显示，部分地下水水样分布偏离淡水与海水混合线分布，表明地下水盐分除了海水入侵的影响，还受到水岩相互作用、人类活动等因素的影响。

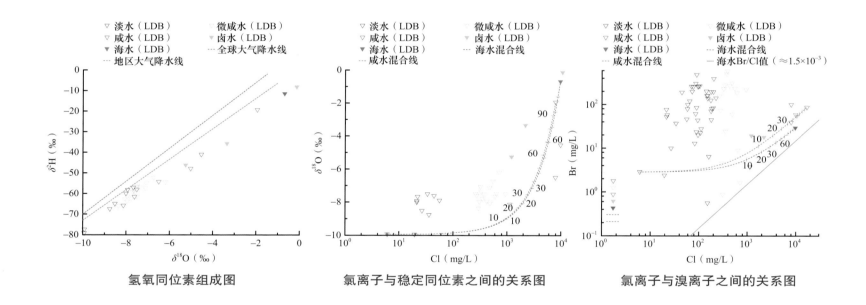

氢氧同位素组成图　　　　　　氯离子与稳定同位素之间的关系图　　　　　　氯离子与溴离子之间的关系图

辽宁省监测站位分布图

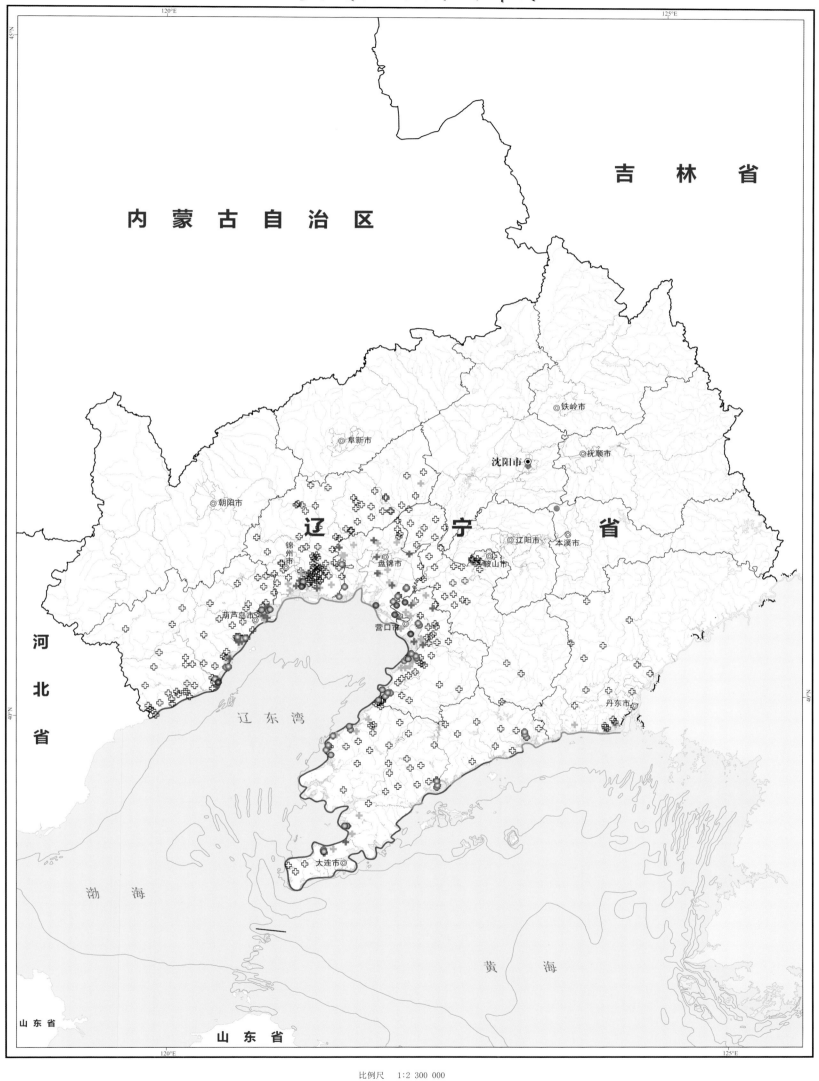

内蒙古自治区

吉 林 省

河 北 省

辽 宁 省

沈阳市◎

铁岭市◎

阜新市◎

抚顺市◎

朝阳市◎

辽阳市◎ 本溪市◎

锦州市◎

盘锦市◎

鞍山市◎

葫芦岛市◎

营口市◎

丹东市◎

辽 东 湾

大连市◎

渤 海

黄 海

山东省

山东省

比例尺　1:2 300 000

0　23　46　69　92km

上海市咸水体分布图

　　上海市地处长江入海口，东邻东海，是我国最大的经济中心、重要的工业基地、世界著名的港口城市，全年温和湿润，雨量充沛，地下水资源极为丰富，但潜水层存在咸水体，面积为 4261.93km²，咸水体主要由历史海平面变化赋存的古海水形成。

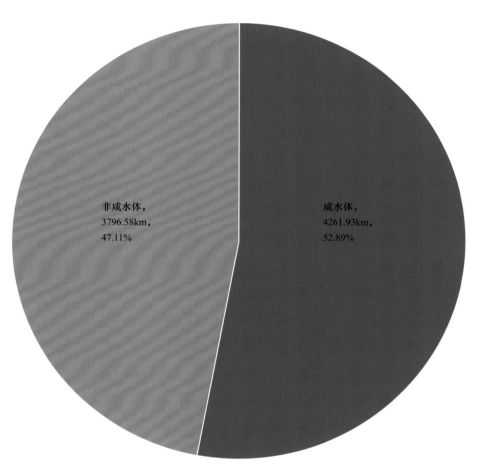

非咸水体，
3796.58km，
47.11%

咸水体，
4261.93km，
52.89%

上海市咸水体面积及在本市面积中占比

上海市咸水体分布图

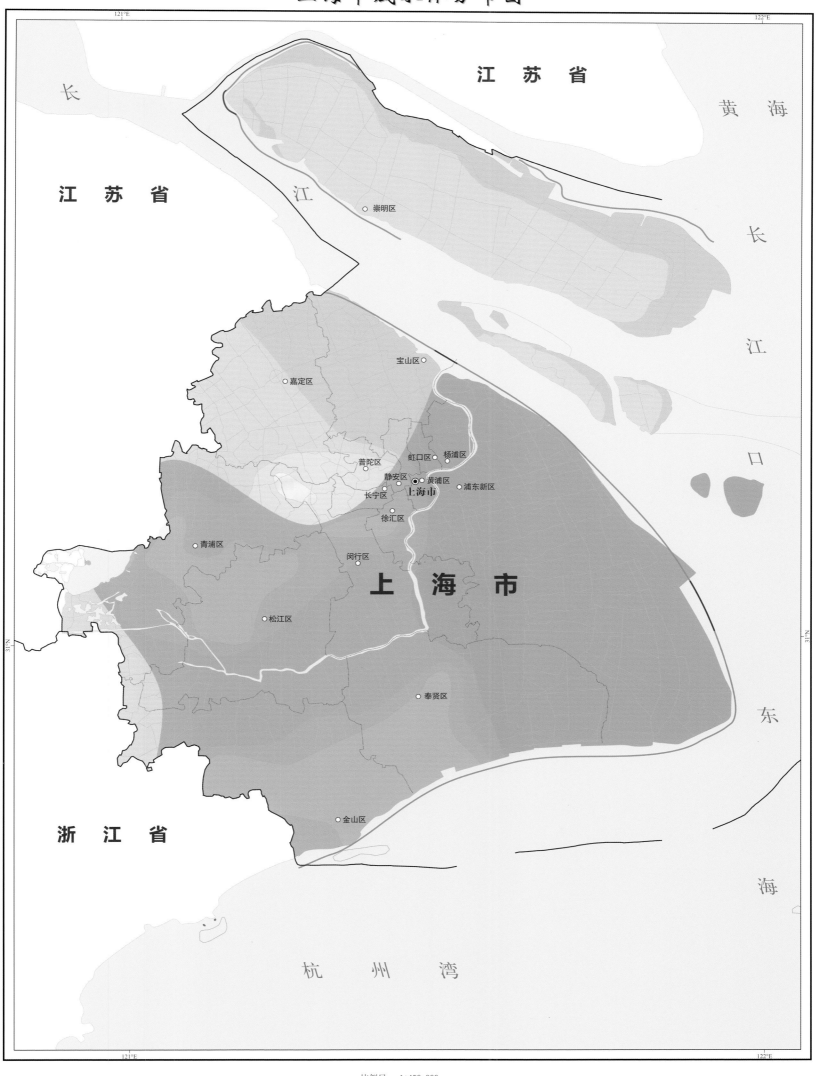

比例尺　1:450 000

0　　4.5　　9.0　　13.5　　18.0km

图幅 10

上海市海水入侵现状图

    上海市岸线类型包括淤泥质岸线、生物岸线和河口岸线，以淤泥质岸线为主，生物岸线和河口岸线占比较小。

    历史资料显示，上海市沿海地区受长江下泄径流和河口潮汐共同作用，咸潮入侵现象由来已久，1979 年长江河口遭遇了严重的咸潮入侵，淞水厂氯离子浓度高达 3950mg/L，海水入侵范围从口门向上游延伸 170km。本次调查上海市未发现海水入侵现象，但上海市河口咸潮入侵情况严重，长江入海口在冬春季易发生海水倒灌现象，咸潮入侵的频率明显增加，加之海平面不断上升和人类活动影响，该地区海水入侵风险仍然较高（未对崇明岛开展调查）。

上海市海水入侵现状图

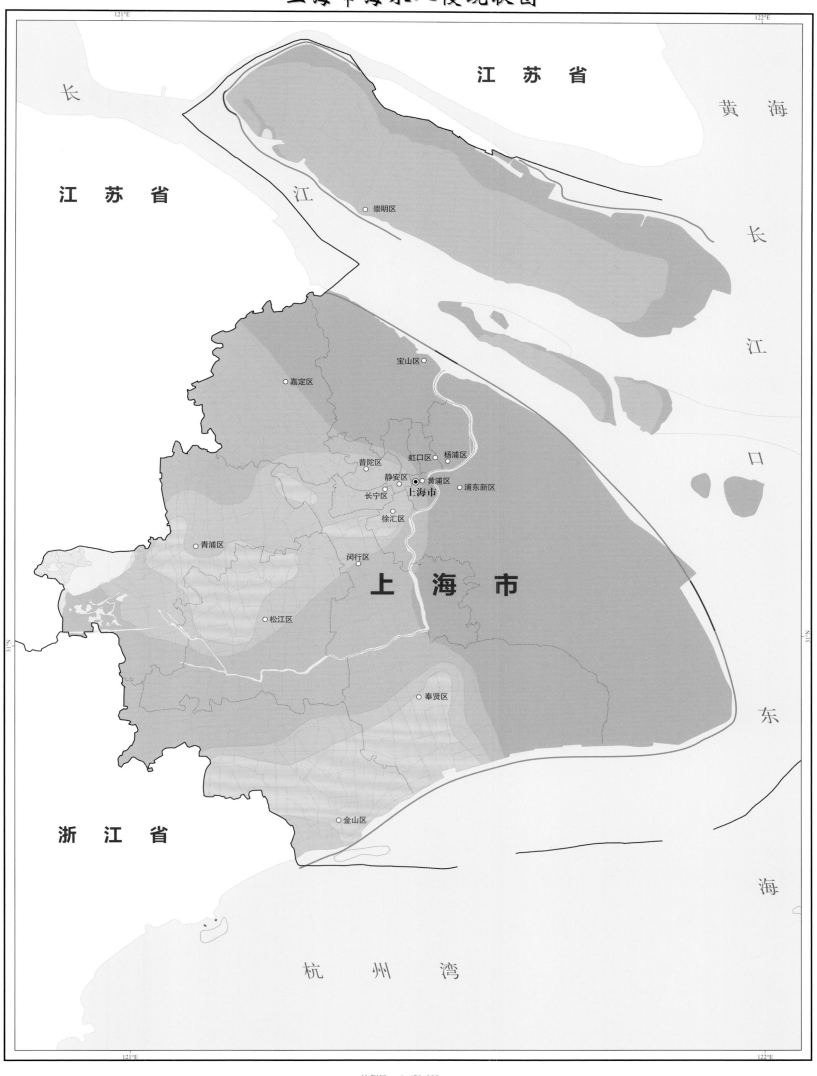

比例尺 1:450 000

0 4.5 9.0 13.5 18.0km

上海市监测站位分布图

　　上海市位于长江三角洲东部，地下含水层多，地下水资源丰富，浅层地下水分布广泛。本次调查共布设 29 个站位，无海水入侵引起的地下水咸化。

　　上海市受地质历史时期海平面升降变化影响，长江河口地区海陆变迁频繁，第四纪地层在垂向上具有砂性土与黏性土交互的沉积韵律，存在水平向的沉积相变，第四纪地层是上海地下水资源的主要赋存场所，含水层系统分为 1 个潜水层和 5 个承压层，潜水层与地表水系有水力联系，第一、二、三承压层局部存在沟通，第四、五承压层局部存在沟通。

上海市监测站位分布图

比例尺　1:450 000

0　　4.5　　9.0　　13.5　　18.0km

江苏省咸水体分布图

江苏省东临黄海，是长江三角洲的重要组成部分，沿海地区位于长江、淮河下游，地势平坦，三面环山，西高东低，气候温和，年均降水量为 1000mm 左右，水系发育，地下水资源丰富。随着城市建设和乡镇工业的迅猛发展，地下水开采持续增加，形成区域性地下水降落漏斗，引发咸水入侵、水质咸化等问题。

江苏省沿海地区咸水体面积为 20 549.96km²，主要分布在连云港滨海、盐城滨海、南通东南部滨海地区。调查显示，古海水入侵的咸水被分层次地封闭在远离海岸线不同距离的含水层中，围填海造地活动使得沿海地下水排泄通道受阻，导致地下水逐渐咸化并滞留在不同区域，形成新的咸水体，土体含盐量日趋增高。长江入海口南通海门受咸潮影响，内河含盐量超标。

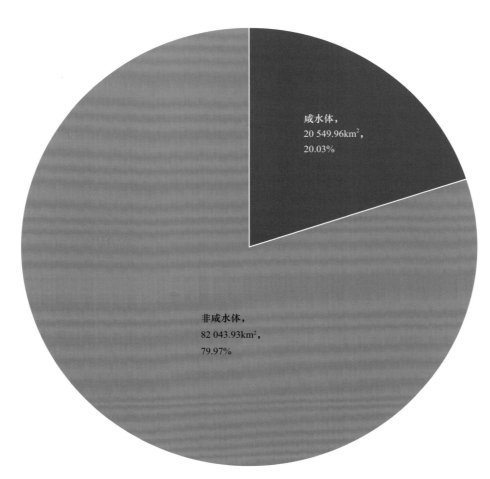

江苏省咸水体面积及在本省面积中占比

江苏省咸水体分布图

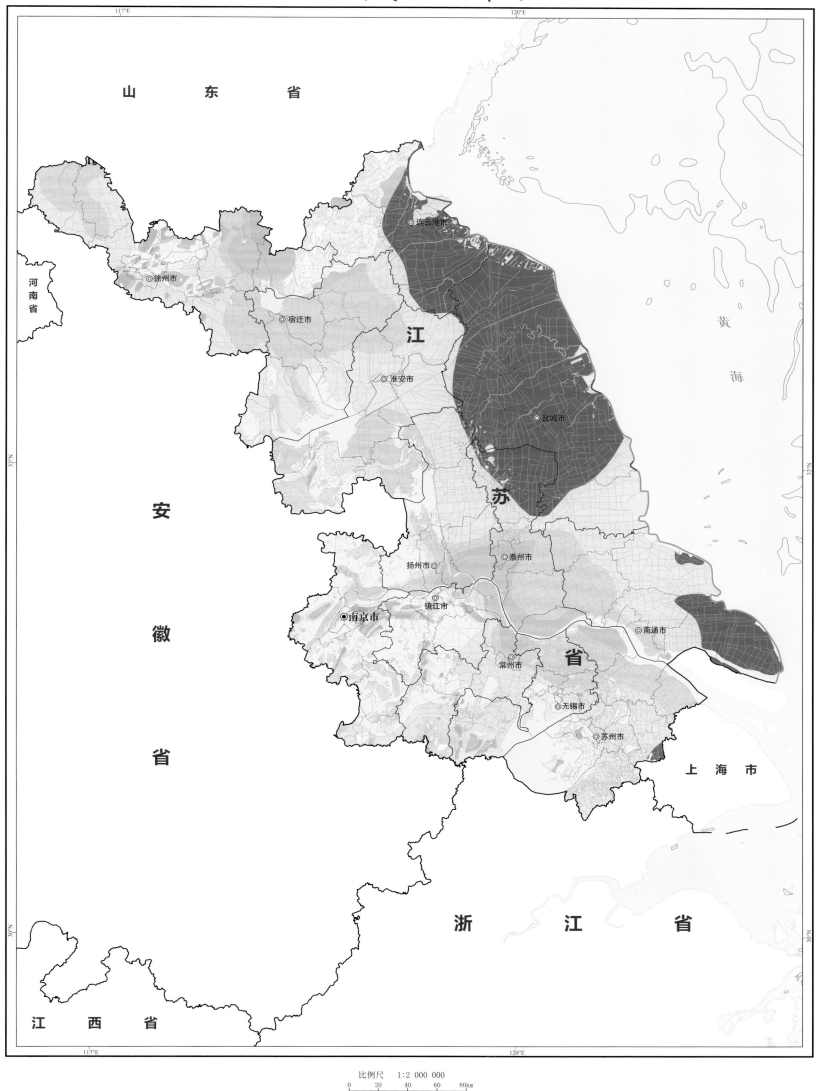

山 东 省

河
南
省

连云港市

徐州市

宿迁市

江

淮安市

盐城市

黄

海

安

徽

苏

泰州市

扬州市

镇江市

南京市

南通市

省

常州市

无锡市

苏州市

上 海 市

省

浙 江 省

江 西 省

比例尺　1:2 000 000

0　20　40　60　80km

江苏省海水入侵现状图

江苏省沿海地区包括连云港、盐城、南通三市，93% 海岸区域为滩涂，沿海地区地势低平，以第四纪松散堆积物为主，主要为亚砂土、淤泥及细砂。海岸线以淤泥质岸线和砂质岸线为主，占全省海岸线总长度的 90.5%。

江苏省沿海地区现代海水入侵面积为 174.60km^2，主要分布在淤泥质岸线和砂质岸线附近，淤泥质岸线附近的海水入侵面积为 130.67km^2，分布在南通市，主要受海积地质环境的影响，砂质岸线附近的海水入侵面积为 43.93km^2，主要分布在连云港市海州湾地区，主要受水动力和地形条件及水动力平衡条件两方面的影响。

江苏省海水入侵面积与不同岸线类型统计表

	岸线类型	岸线长度（km）	海水入侵面积（km^2）
1	河口岸线	31.40	
2	基岩岸线	9.30	
3	砂质岸线	82.79	43.93
4	生物岸线	37.66	
5	淤泥质岸线	757.10	130.67

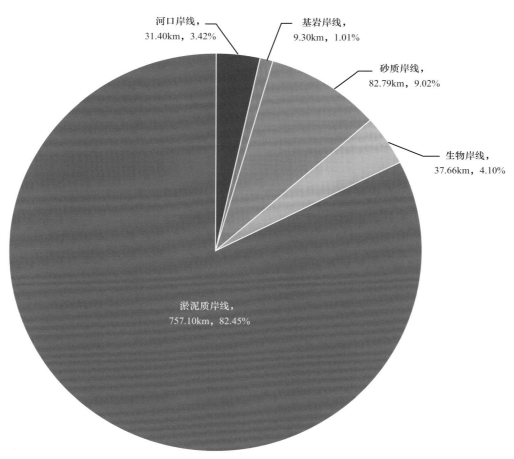

江苏省岸线类型长度及在本省岸线中占比

江苏省海水入侵现状图

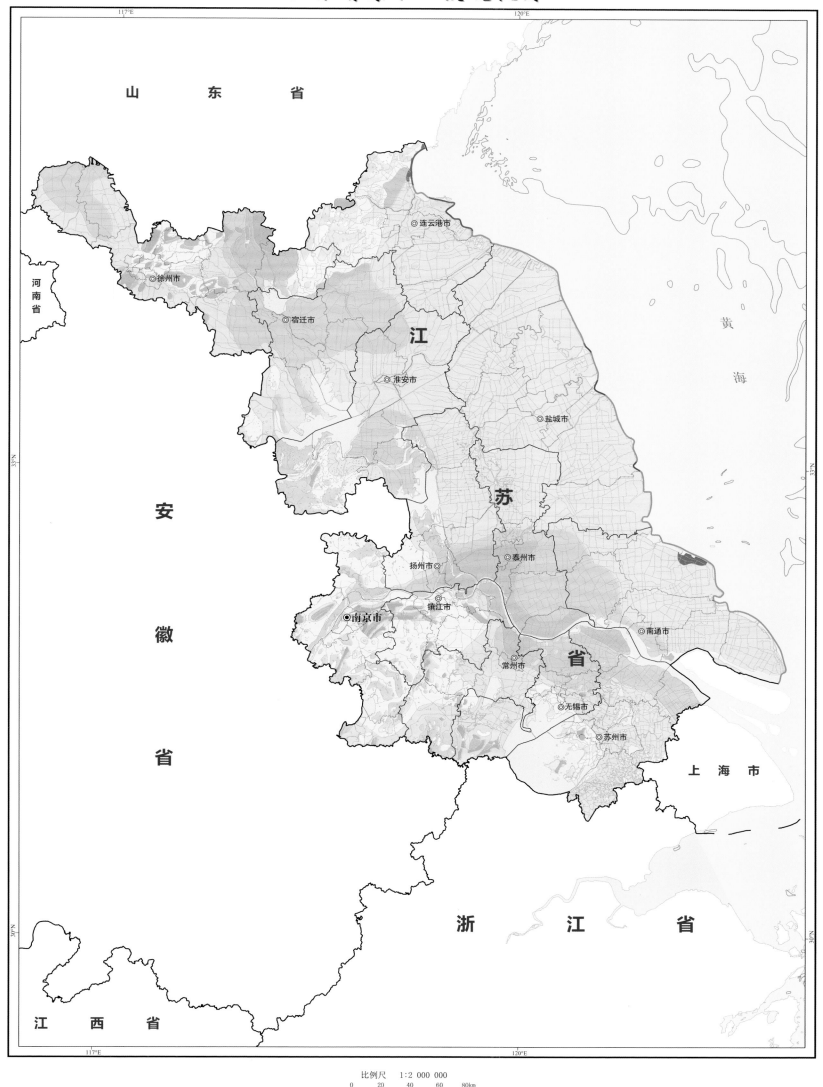

山 东 省

河南省

连云港市

徐州市

宿迁市

江

淮安市

盐城市

苏

安

黄

海

徽

省

泰州市

扬州市

镇江市

省

南通市

南京市

常州市

无锡市

苏州市

上 海 市

浙 江 省

江 西 省

比例尺 1:2 000 000

0   20   40   60   80km

江苏省监测站位分布图

　　江苏省沿海共布设 254 个站位，主要监测指标为水位、氯离子浓度和矿化度，其中 55 个站位开展了稳定同位素和全离子分析。入侵类型分析结果表明：25 个站位未发现入侵，24 个站位为咸水型入侵，6 个站位为海水入侵。

　　江苏省地下水样品分散在 LMWL 附近，表明由于该地区离海洋较近，季风携带的海洋水汽是降水的主要来源。同时，地下水的稳定同位素组成（δ^2H 和 $\delta^{18}O$）反映出，随着盐度的增加，δ^2H 和 $\delta^{18}O$ 的值逐渐富集，而且地下水样本与大气降水均线相比更接近混合线。这些结果表明，多数地下水的 δ^2H 和 $\delta^{18}O$ 随着受蒸发影响的咸水混合而逐渐富集。

　　江苏省地下水样品中大部分微咸水和咸水样品都分布在海水溴氯比值线和混合线之间。这些现象表明，研究区地下水的盐分来源是盐水混合和周围岩石矿物的风化-溶解，而周围岩石矿物的风化-溶解是地下淡水中盐分的主要来源。

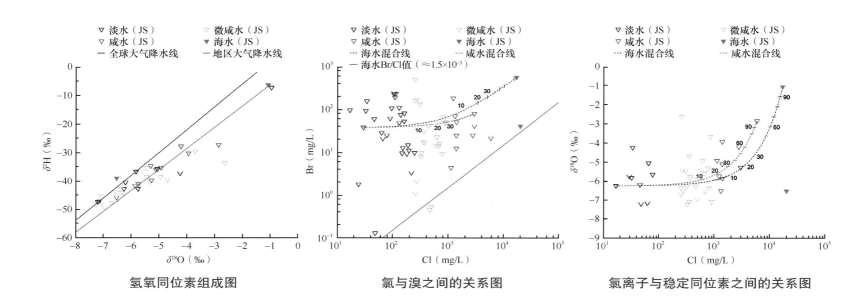

氢氧同位素组成图　　　　　　氯与溴之间的关系图　　　　　　氯离子与稳定同位素之间的关系图

江苏省监测站位分布图

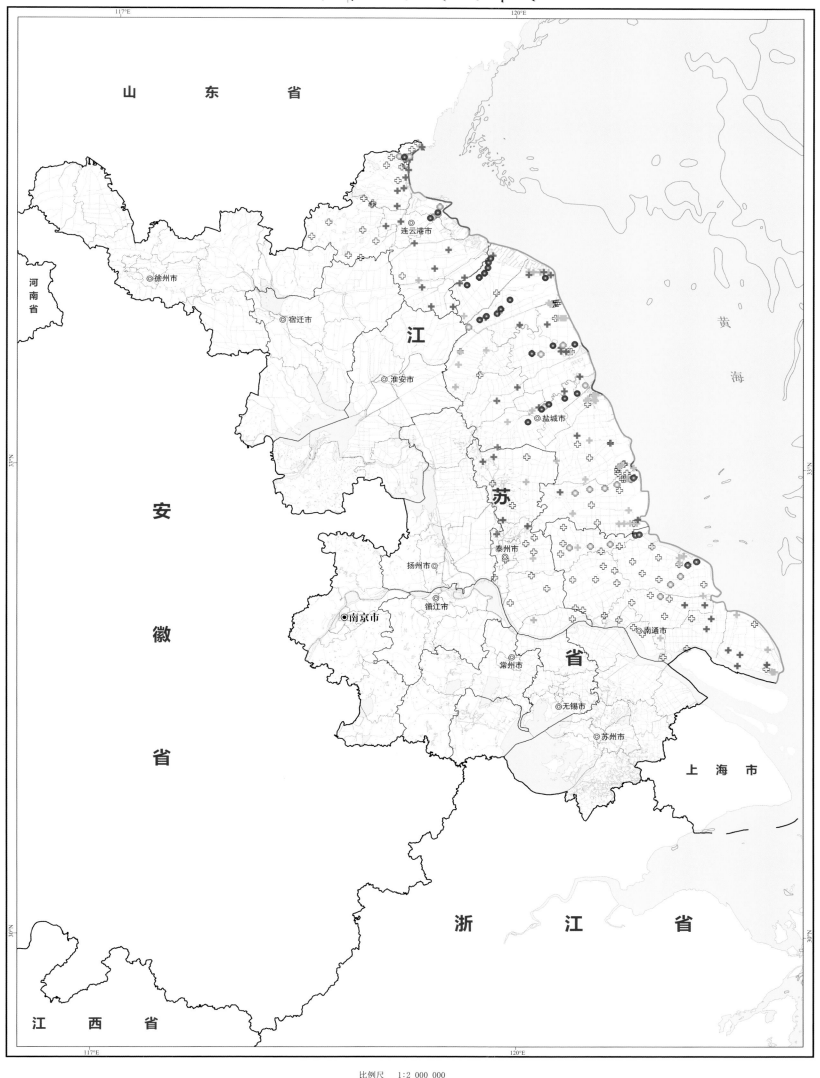

山 东 省

河南省

江

苏

省

安

徽

省

江 西 省

浙 江 省

上 海 市

黄

海

◎徐州市

◎宿迁市

连云港市

◎淮安市

◎盐城市

泰州市

扬州市◎

镇江市

◎南京市

常州市

◎无锡市

◎苏州市

◎南通市

比例尺　1:2 000 000

0　　20　　40　　60　　80km

浙江省咸水体分布图

　　浙江省东临东海，位于长江三角洲南部，沿海地区浅层地下水含水层主要为湖沼相黏性土和冲海相粉质黏土、粉细砂，原生水质主要是微咸水-咸水。浙江省沿海地区咸水体面积为 2117.93km²，主要分布在嘉兴市南部和台州市、温州市的东部沿海。因嘉兴市地下水持续开采，地下水位不断下降，形成了以嘉兴市为中心的地下水降落漏斗，台州市和温州市部分地区发生咸水内侵、淡水体缩小、水质变咸等现象。

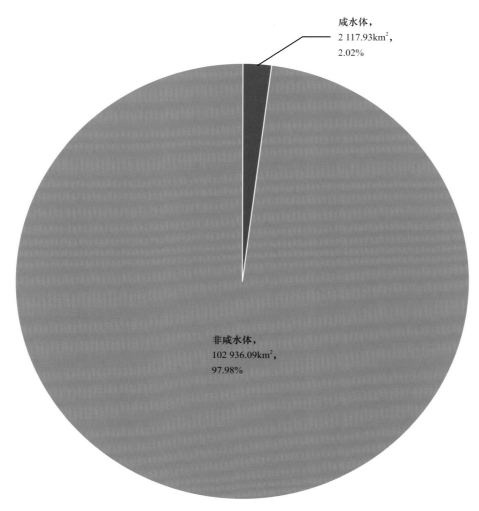

咸水体，
2 117.93km²，
2.02%

非咸水体，
102 936.09km²，
97.98%

浙江省咸水体面积及在本省面积中占比

浙江省咸水体分布图

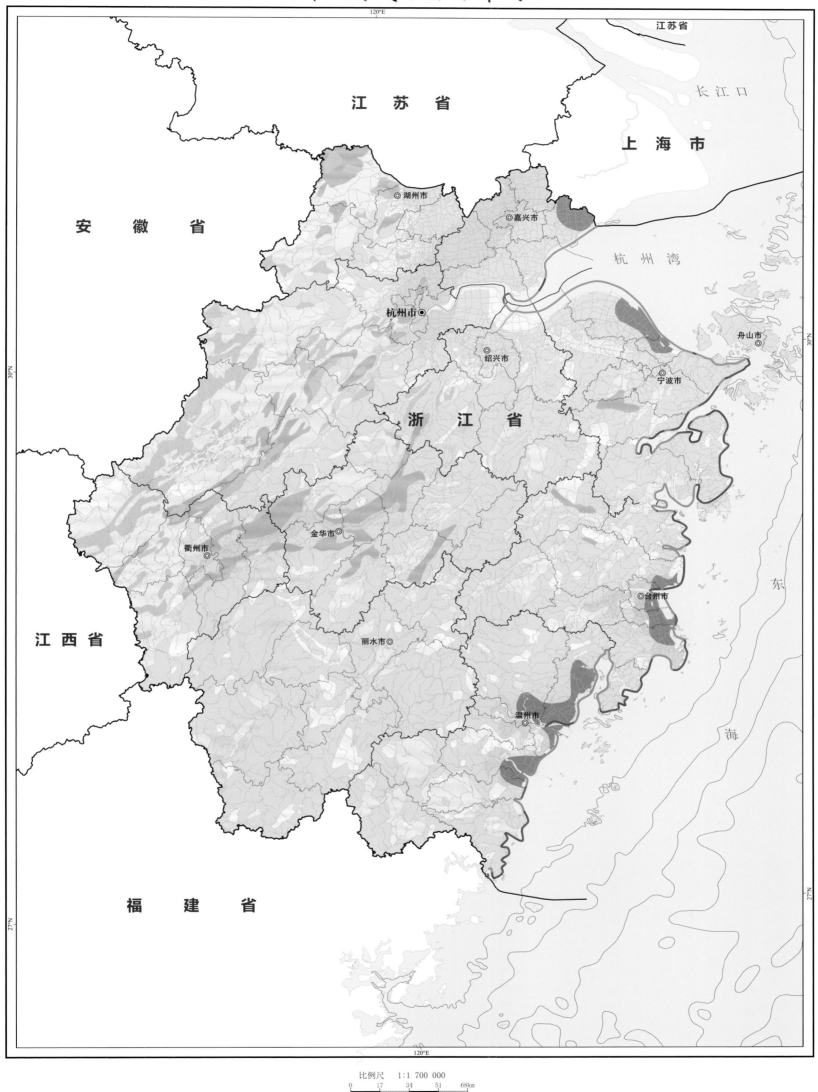

江苏省

上海市

长江口

安 徽 省

湖州市

嘉兴市

杭州湾

杭州市

舟山市

绍兴市

宁波市

浙 江 省

衢州市

金华市

东

丽水市

台州市

江 西 省

温州市

海

福 建 省

比例尺　1:1 700 000

0　　17　　34　　51　　68km

图幅 16

浙江省海水入侵现状图

    浙江省自西南向东北呈阶梯状倾斜，东部沿海以平原为主，沿海岸线曲折、岛屿众多，拥有丰富的岸线资源。近年来，海平面上升导致沿海地区风暴潮和海水入侵等海洋灾害的频率增加，台州临海断面和温州温瑞平原瑞安断面海水入侵距岸距离超过 8km，并呈进一步加重趋势。

    浙江省沿海地区海水入侵面积为 1812.80km²，海水入侵主要发生在淤泥质岸线（1099.84km）、砂质岸线（425.27km）、基岩岸线（435.81km）附近，入侵面积分别为 1137.01km²、462.92km²、132.81km²。

浙江省海水入侵面积与不同岸线类型统计表

	岸线类型	岸线长度（km）	海水入侵面积（km²）
1	河口岸线	85.32	72.05
2	基岩岸线	435.81	132.81
3	砂质岸线	425.27	462.92
4	生物岸线	98.20	8.01
5	淤泥质岸线	1099.84	1137.01

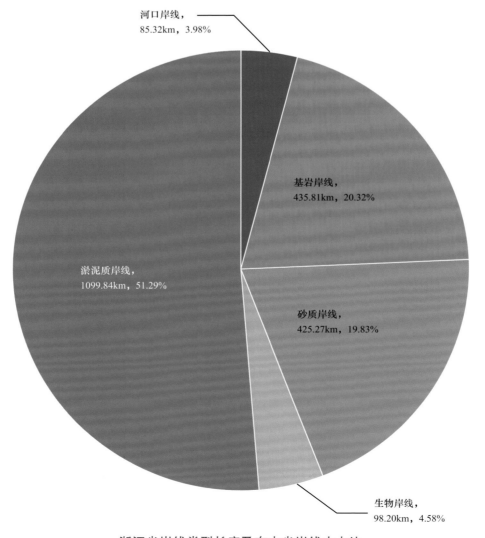

浙江省岸线类型长度及在本省岸线中占比

浙江省海水入侵现状图

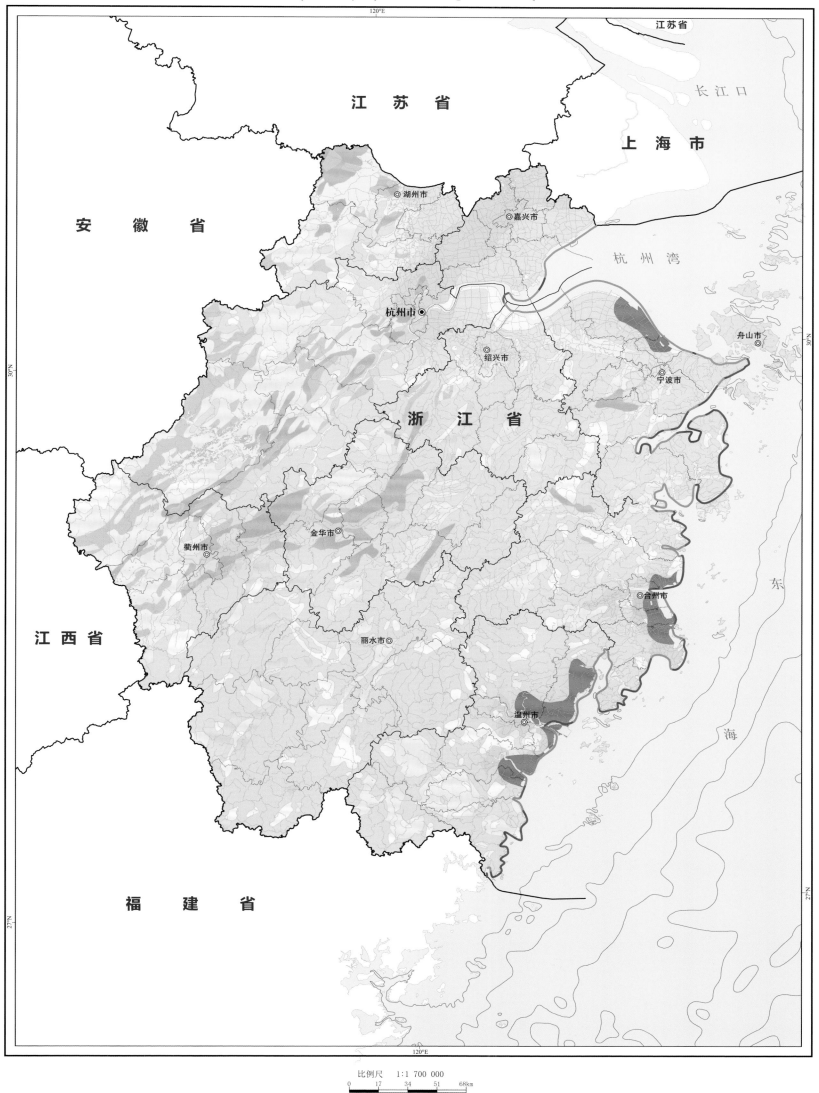

江苏省

安徽省

江苏省

上海市

长江口

湖州市

嘉兴市

杭州湾

杭州市

舟山市

绍兴市

宁波市

浙 江 省

东

金华市

衢州市

台州市

江西省

丽水市

海

温州市

福 建 省

比例尺 1:1 700 000

0   17   34   51   68km

浙江省监测站位分布图

浙江省共布设 90 个站位，主要监测指标为水位、氯离子浓度和矿化度，其中 20 个站位开展了稳定同位素和全离子分析。入侵类型分析结果表明：9 个站位未发现入侵，无咸水型入侵站位，11 个站位为海水入侵。海水入侵类型中仅有 1 处为严重型，其他为轻微入侵。

浙江省地下水以淡水（氯离子浓度＜ 250mg/L）和微咸水（250mg/L ≤氯离子浓度＜ 1000mg/L）为主，且微咸水分布在海水混合线的两端，混合比例为 0 ～ 10%。海水混合线紧密平行于海水溴氯比值线，结果表明当地地下水主要因受到海水入侵而咸化。而地下水样分布在当地大气降水线的两侧，表明地下水主要来源于大气降水。

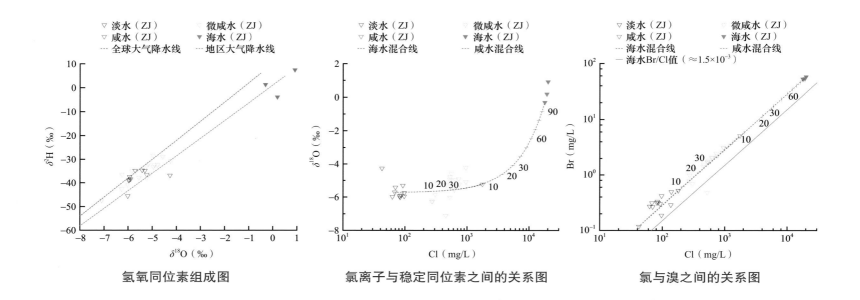

氢氧同位素组成图　　　　　氯离子与稳定同位素之间的关系图　　　　　氯与溴之间的关系图

浙江省监测站位分布图

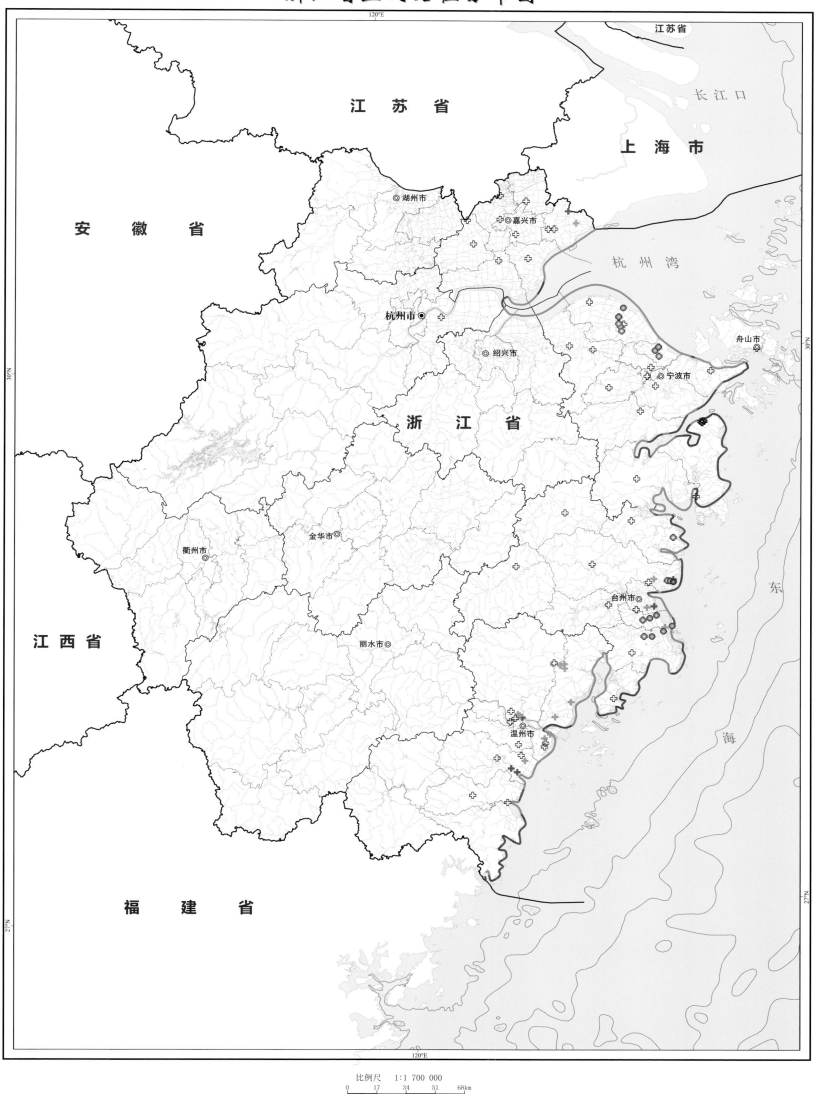

比例尺　1∶1 700 000

0　　17　　34　　51　　68km

福建省咸水体分布图

福建省地处我国东南部，濒临东海，全年温暖湿润，雨量充沛，河流密布，水资源丰富。福建省沿海中南部地区受风暴潮影响强烈，暴雨、巨浪、洪水的共同作用导致岸滩后退，引起地下水咸化，另外，养殖业引海水入陆地，地热开采等活动频繁，均导致海水（古咸水）以各种方式向含水层入侵。

福建省沿海地区咸水体面积为 206.65km²，主要分布于泉州湾地区，在福州市、莆田市、漳州市等沿海地区有少量分布。其中，泉州湾地区地下水咸化主要由人工养殖、风暴潮等因素引起，其他区域咸水体主要由海平面上升引起。

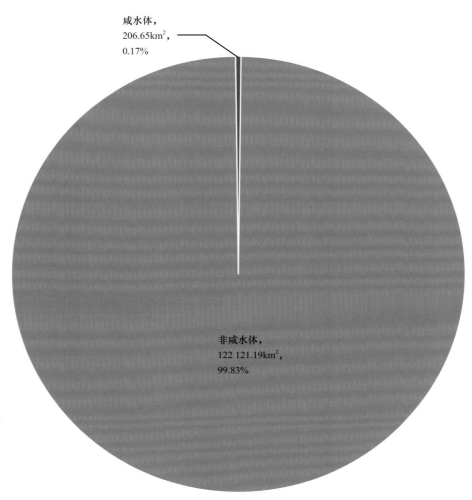

福建省咸水体面积及在本省面积中占比

福建省咸水体分布图

浙 江 省

江 西 省

南平市

宁德市

三明市

福 建 省

福州市

莆田市

龙岩市

泉州市

台 湾 海 峡

漳州市

厦门市

广 东 省

台湾省

比例尺　1:1 900 000

0　　19　　38　　57　　76km

福建省海水入侵现状图

　　福建省属副热带季风性气候，地表水系发育，有闽江、晋江、九龙江等较大河流，水系垂直于山脉走向，由西北向东南入海，沿海地带新生界地层出露较广，除古近系—新近系有玄武岩出露外，多由海陆相砂砾及泥砂松散沉积物组成，第四系按成因可分为残坡积层、海积层、冲洪积层和风积层。福建省北部沿海山海相连，受海平面上升影响不明显，但对中部及南部沿海的福州、厦门、泉州及莆田、龙海平原影响较大，福建省拥有相当部分的砂泥岸滩，抗蚀能力差，海平面上升导致海水对堤岸砂石冲刷侵蚀力度大，海水易入侵。福建省中南部沿海地带海拔多在5m 以下，为海水入侵的重点区域。沿海区域有大小海湾 125 处，由于自然因素和人为因素的影响，部分海湾中的侵蚀型岸滩海水入侵和土壤盐渍化严重。

福建省海水入侵面积与不同岸线类型统计表

	岸线类型	岸线长度（km）	海水入侵面积（km^2）
1	河口岸线	10.40	3.80
2	基岩岸线	780.45	0.09
3	砂质岸线	859.59	56.14
4	生物岸线	69.21	2.42
5	淤泥质岸线	1260.86	144.20

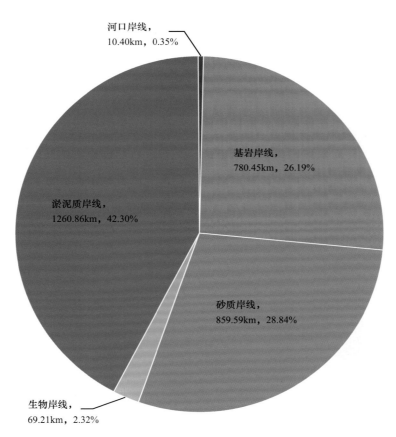

福建省岸线类型长度及在本省岸线中占比

福建省海水入侵现状图

浙 江 省

江 西 省

◎南平市

◎宁德市

三明市◎

福 建 省

福州市◎

莆田市◎

◎龙岩市

◎泉州市

漳州市◎

厦门市◎

台 湾 海 峡

广 东 省

台湾省

比例尺 1:1 900 000

0   19   38   57   76km

图幅 20

福建省监测站位分布图

福建省共布设 66 个站位，主要监测指标为水位、氯离子浓度和矿化度，其中 14 个站位开展了稳定同位素和全离子分析。入侵类型分析结果表明：仅有 2 处有海水入侵，其中 1 处为严重类型，1 处为轻微入侵，其他站位未发现入侵。

福建省沿海地区地下水以淡水（氯离子浓度＜250mg/L）为主，地下水水样分布在全球大气降水线和当地大气降水线之间，表明当地地下水主要来源于大气降水。而咸水水样分布在海水混合线上，表明福建省沿海地下水受海水入侵的微弱影响，仅部分区域含水层受到了海水入侵的显著影响。

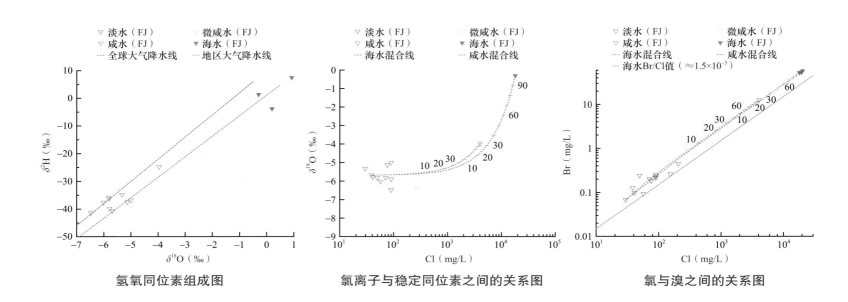

氢氧同位素组成图　　　　　氯离子与稳定同位素之间的关系图　　　　　氯与溴之间的关系图

福建省监测站位分布图

比例尺 1:1 900 000

0   19   38   57   76km

山东省咸水体分布图

山东省沿海地区咸水体面积为 25 236.88km²，其中莱州湾地区咸水体分布最广，其沿海平原区海拔较低，濒临海洋，大多数由河流冲积和洪积地层组成，沉积层中砂层较厚，颗粒较粗，透水性较好，易形成海水入侵，同时莱州湾南岸地下卤水资源丰富，氯离子含量高，降雨不均衡，地下水持续开采，也加剧了地下水咸化。山东省沿海地区咸水体的成因，一是莱州湾西、南沿岸平原地区由晚更新世以来形成的地下埋藏古卤水扩散入侵形成，二是莱州湾东岸平原地区及山东省东部沿海地区由现代海水入侵形成。

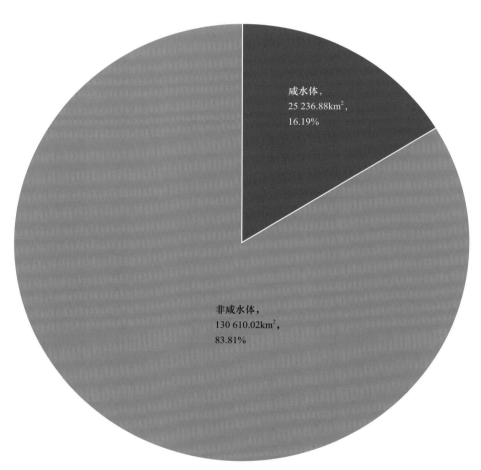

咸水体，
25 236.88km²，
16.19%

非咸水体，
130 610.02km²，
83.81%

山东省咸水体面积及在本省面积中占比

山东省咸水体分布图

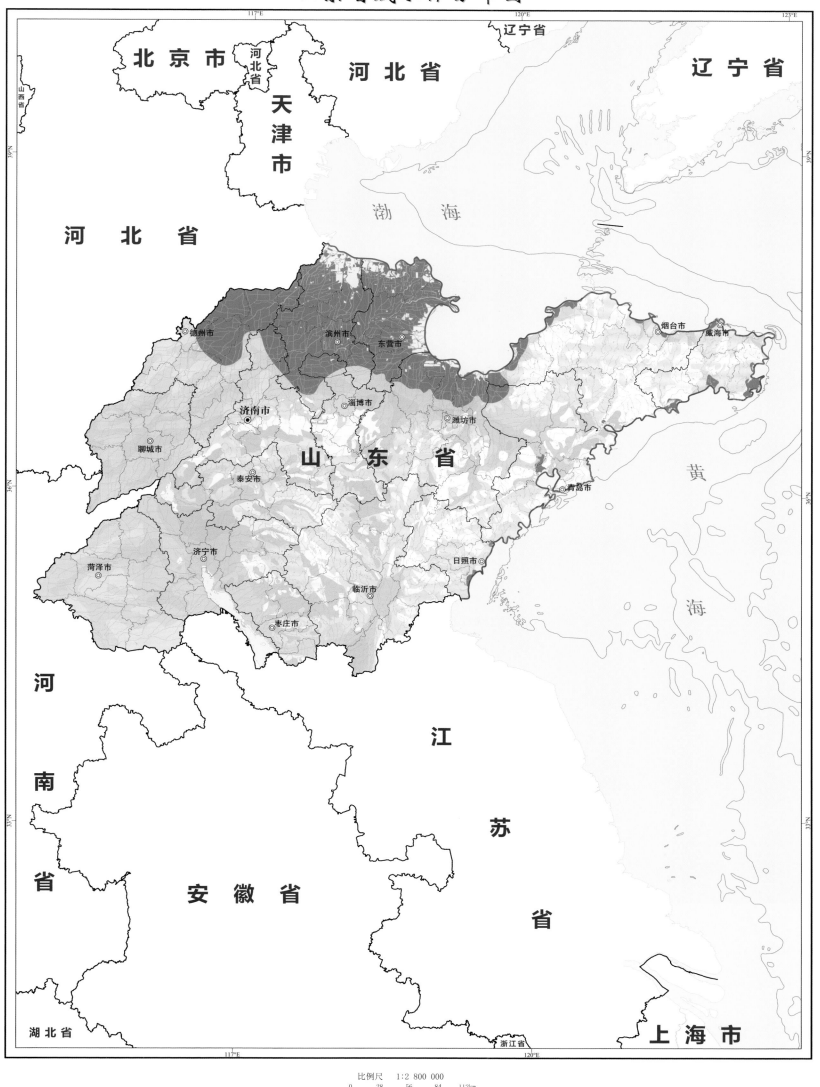

比例尺 1:2 800 000

0   28   56   84   112km

山东省海水入侵现状图

　　山东省海岸线以淤泥质岸线、砂质岸线、基岩岸线为主，河口岸线较短。调查显示，山东省沿海地区海水入侵严重，莱州湾地区是全国典型的海水入侵区。

　　山东省海水入侵面积为 1333.22km²，主要分布于莱州湾东岸及东部城市沿海地区，其中莱州湾东岸以砂质岸线为主，透水性强，含有多层古河道沉积砂体，为海水入侵提供了天然条件。威海市部分地区海水养殖、晒盐等人类活动造成地下水位低于海平面，引起海水入侵；青岛市沿海大沽河地区地下水开采造成地下水位低于海平面，水力坡度向内陆倾斜，引起海水入侵。

山东省海水入侵面积与不同岸线类型统计表

	岸线类型	岸线长度（km）	海水入侵面积（km²）
1	河口岸线	6.27	1.08
2	基岩岸线	543.36	110.06
3	砂质岸线	1189.70	868.26
4	淤泥质岸线	1214.52	353.82

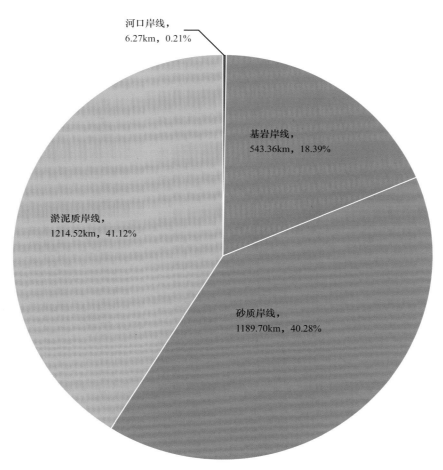

山东省岸线类型长度及在本省岸线中占比

山东省海水入侵现状图

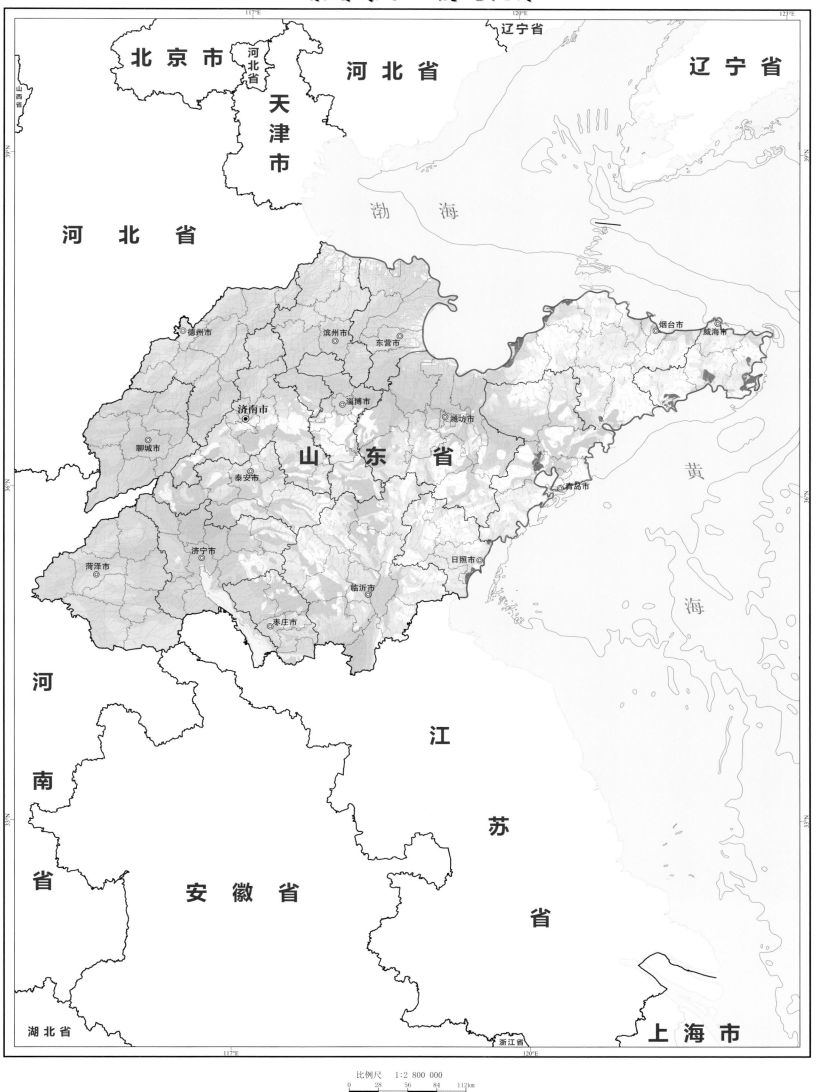

山西省

北京市

河北省

河北省

天津市

辽宁省

辽宁省

渤　海

河　北　省

德州市

滨州市

东营市

烟台市

威海市

聊城市

淄博市

济南市

潍坊市

山　东　省

黄

泰安市

青岛市

海

菏泽市

济宁市

日照市

临沂市

枣庄市

河

南

江

省

苏

安　徽　省

省

湖北省

浙江省

上 海 市

比例尺　1:2 800 000

0　　28　　56　　84　　112km

图幅 23

山东省监测站位分布图

山东省共布设 614 个站位，主要监测指标为水位、氯离子浓度和矿化度，其中 119 个站位开展了稳定同位素和全离子分析。入侵类型分析结果表明：61 个站位未发现入侵，20 个站位为咸水型入侵，38 个站位为海水入侵。海水入侵类型中有 9 处为严重型，其他为轻微入侵。

大沽河：从氢氧同位素与氯离子分析结果来看，研究区地下水点及河水点分布于淡水与海水混合曲线的上方，且分布趋势与混合曲线一致，地下水盐分来源主要受海水影响。而根据研究区氢氧同位素特征分析结果，地下水水样的 δ^2H 和 $\delta^{18}O$ 数据点都落在 GMWL 的右下方，总体上都落在 GMWL 和 LMWL 的附近，说明研究区地下水来源于大气降水。水样的 δ^2H 和 $\delta^{18}O$ 数据点的斜率与 LMWL 的斜率相近，小于全球大气降水线的斜率，表明研究区地下水及河水不仅受到海水入侵的影响，还受赋存咸水体的影响。在强烈的蒸发作用下，咸水体中的离子及同位素更加富集，在地下水开采等人类活动的影响下，海水、咸水和地下水发生混合。

莱州湾：莱州湾的部分地下水点分布于卤水与淡水的混合线和海水与淡水的混合线之间，且随着氯离子浓度增加，氢氧同位素的含量也上升，表明莱州湾的地下水受到卤水入侵的影响。莱州湾地下水点及河水点分布于全球大气降水线及当地大气降水线的右下方，且位于当地大气降水线的附近，表明莱州湾地区的浅层地下水及河水受大气降水补给。

现代海水中的溴氯比约为 1.5×10^{-3}，而莱州湾的地下水及地表水中的溴氯比均高于现代海水溴氯比，同时，地下水点分布在淡水与卤水的混合线附近，且超出淡水与海水的混合线范围，表明莱州湾的地下水受到卤水入侵的影响。

龙口：烟台市龙口地区地下水以淡水（氯离子浓度 < 250mg/L）和微咸水（250mg/L ≤ 氯离子浓度 < 1000mg/L）为主，且微咸水靠近淡水端，混合比例为 0 ～ 5%。海水混合线紧密平行于海水溴氯比值线，结果表明当地地下水主要因海水入侵而咸化。而地下水样分布在当地大气降水线的两侧，表明地下水主要来源于大气降水。

山东省监测站位分布图

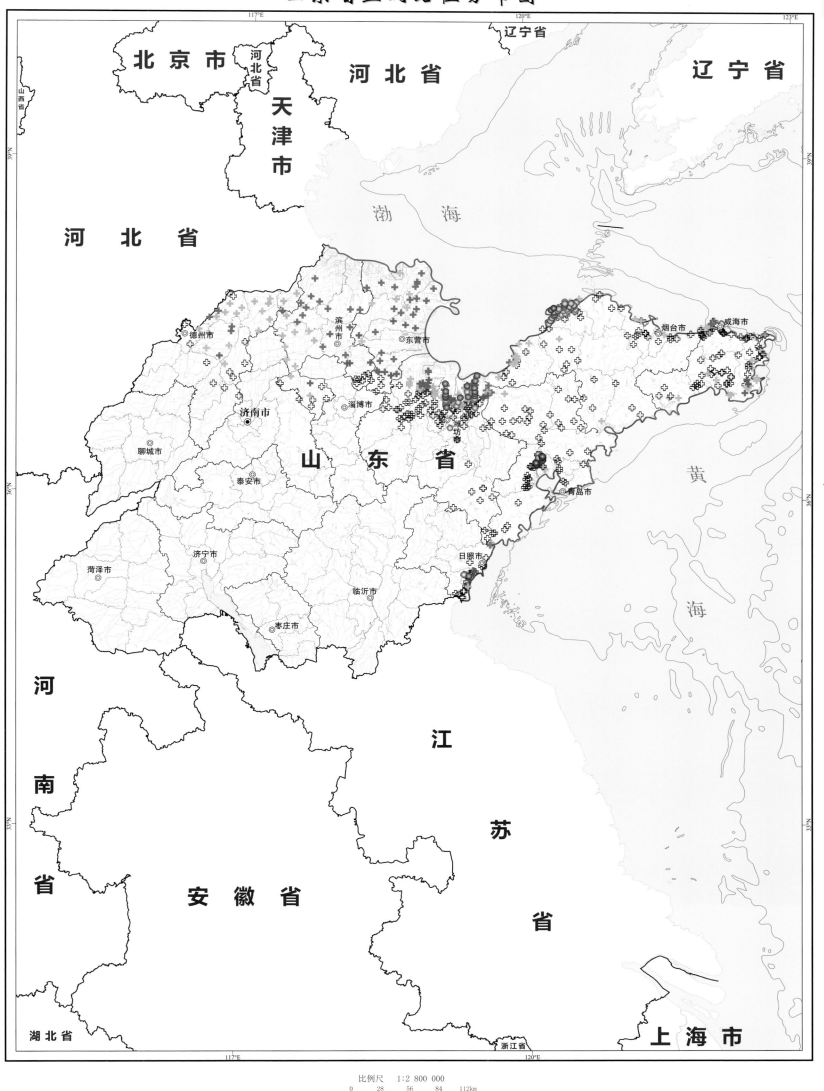

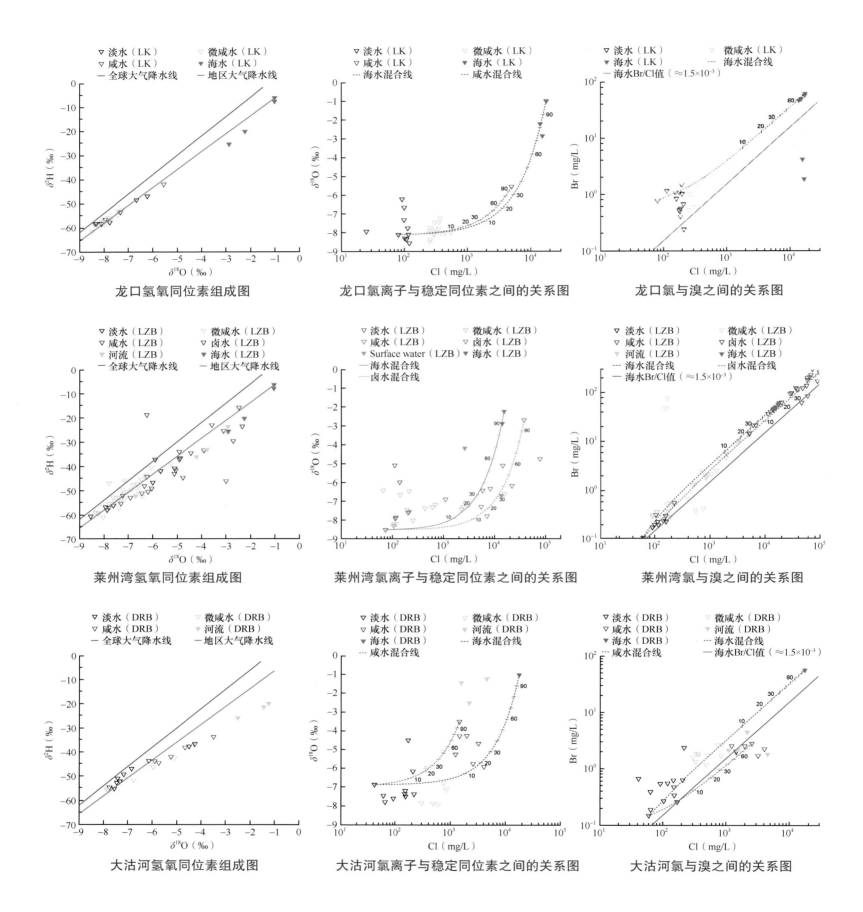

龙口氢氧同位素组成图　　　　龙口氯离子与稳定同位素之间的关系图　　　　龙口氯与溴之间的关系图

莱州湾氢氧同位素组成图　　　莱州湾氯离子与稳定同位素之间的关系图　　　莱州湾氯与溴之间的关系图

大沽河氢氧同位素组成图　　　大沽河氯离子与稳定同位素之间的关系图　　　大沽河氯与溴之间的关系图

广东省咸水体分布图

广东省地处我国南部，降雨夏季多、冬季少，地下水补充不及时，地下水位持续降低，易引发海水入侵，造成地下水咸化，另外，随着气候变暖、海平面上升，咸潮发生加剧，致使珠江三角洲地区地下水咸化日趋加重。

广东省沿海地区咸水体面积为 2275.45km²，主要分布于珠江三角洲地区、湛江市和汕头市沿海地区，地下水过度开采、引海水养殖、地层裂缝塌陷、地面沉降是引起海水入侵的主要原因。

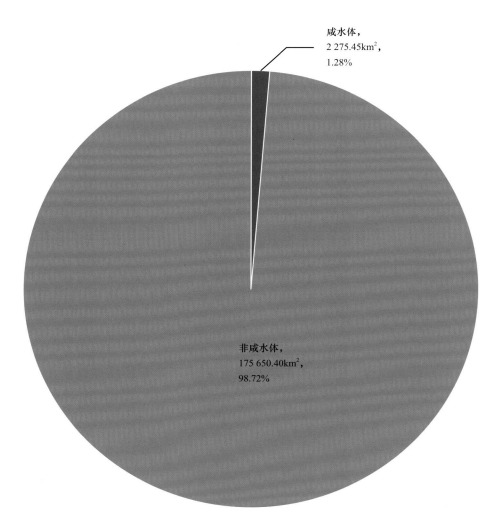

咸水体，
2 275.45km²，
1.28%

非咸水体，
175 650.40km²，
98.72%

广东省咸水体面积及在本省面积中占比

广东省咸水体分布图

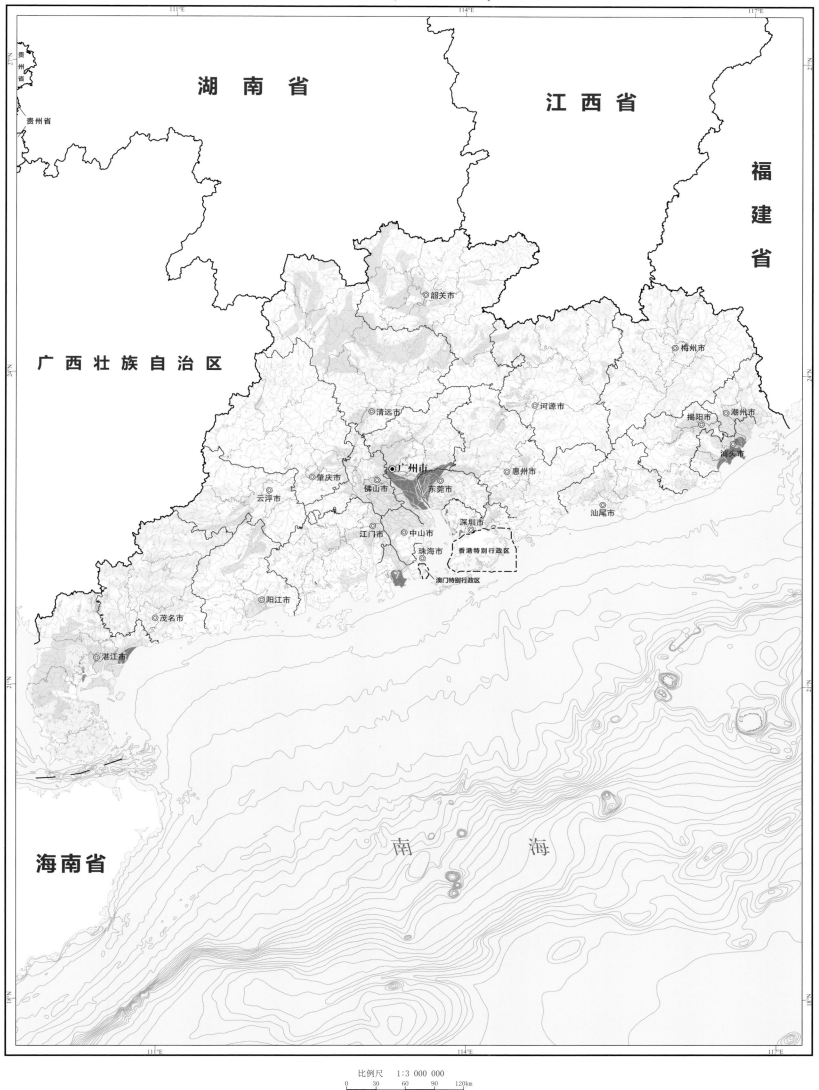

贵州省

湖 南 省

江 西 省

福
建
省

广 西 壮 族 自 治 区

◎韶关市

◎梅州市

◎清远市

◎河源市

◎揭阳市 ◎潮州市

◎肇庆市 ◎佛山市 ⊙广州市 ◎汕头市

◎云浮市 ◎东莞市 ◎惠州市

◎江门市 ◎中山市 深圳市◎

◎汕尾市

珠海市◎ 香港特别行政区

澳门特别行政区

◎阳江市

◎茂名市

◎湛江市

海 南 省

南 海

比例尺 1:3 000 000

0   30   60   90   120km

广东省海水入侵现状图

广东省海水入侵面积为 2275.45km²，主要发生在淤泥质岸线、砂质岸线附近，入侵面积分别为 1540.64km²、486.36km²，河口岸线较短，入侵面积为 202.58km²。

通过调查，广东省地下水过量开采造成局部地区海水入侵加重，导致土壤含盐量升高，产生不同程度的盐渍化，另外，海平面上升导致盐水急速向内陆入侵，使地下水和河口区的地表水含盐量增加，淡水咸化，内河水流动不畅。珠江三角洲是东南沿海软地基沉降最典型的地区，岩性以松散岩类为主，地下水开采、海平面上升引起海水入侵，成为全国海水入侵最严重的地区之一。

广东省海水入侵面积与不同岸线类型统计表

	岸线类型	岸线长度（km）	海水入侵面积（km²）
1	河口岸线	35.06	202.58
2	基岩岸线	450.44	3.44
3	砂质岸线	1875.92	486.36
4	生物岸线	419.31	42.43
5	淤泥质岸线	1195.46	1540.64

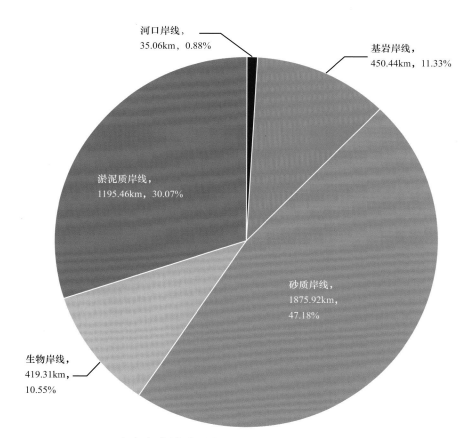

广东省岸线类型长度及在本省岸线中占比

广东省海水入侵现状图

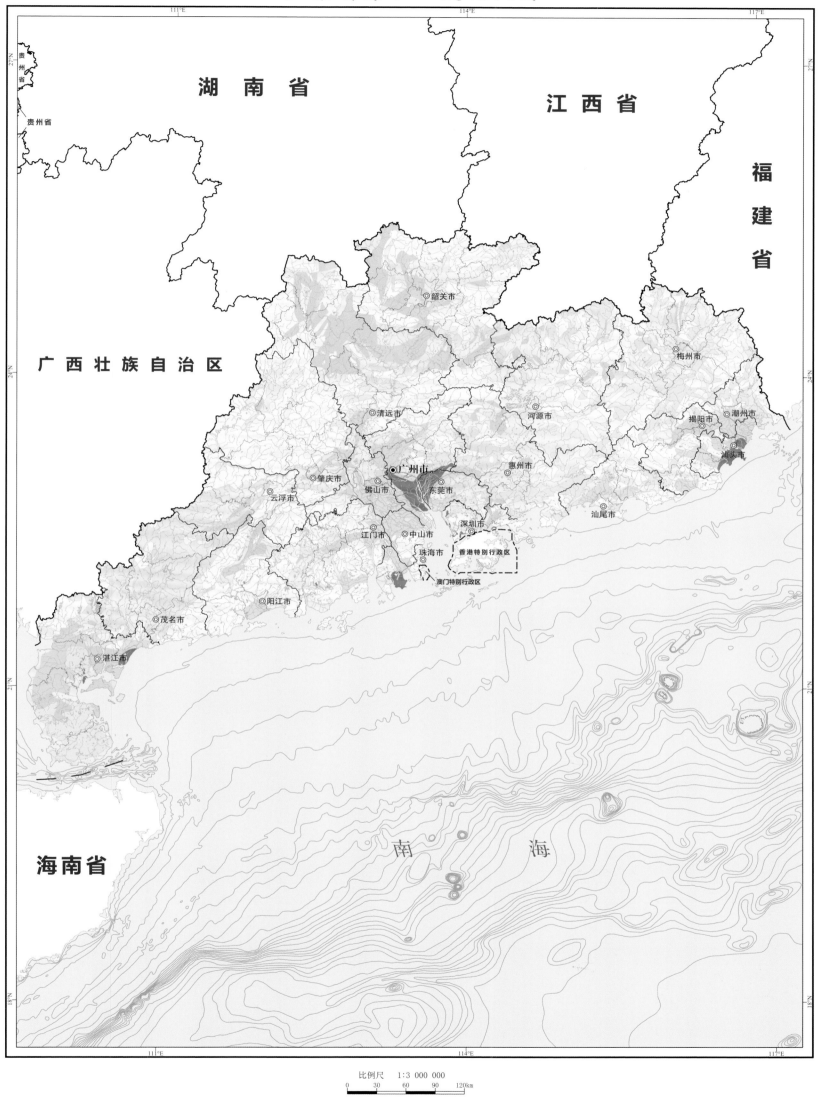

湖 南 省

江 西 省

福 建 省

贵州省

广 西 壮 族 自 治 区

韶关市

梅州市

清远市

河源市

揭阳市 潮州市

惠州市

汕头市

广州市

肇庆市

佛山市

东莞市

云浮市

深圳市

汕尾市

江门市

中山市

珠海市

香港特别行政区

阳江市

澳门特别行政区

茂名市

湛江市

海 南 省

南 海

比例尺 1:3 000 000

0   30   60   90   120km

图幅 26

广东省监测站位分布图

　　广东省共布设 349 个站位，主要监测指标为水位、氯离子浓度和矿化度，其中 40 个站位开展了稳定同位素和全离子分析。入侵类型分析结果表明：37 个站位未发现入侵，另外 3 个站位为严重型海水入侵。

　　广东省沿海地区含水层中主要分布有淡水和咸水，咸水分布在海水混合线的两侧，且地下水水样分布在海水溴氯比值线附近，表明含水层中咸水主要受到海水入侵作用而咸化。

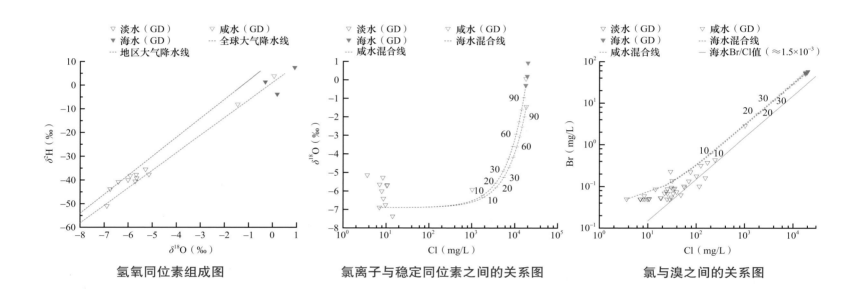

氢氧同位素组成图　　　　　氯离子与稳定同位素之间的关系图　　　　　氯与溴之间的关系图

广东省监测站位分布图

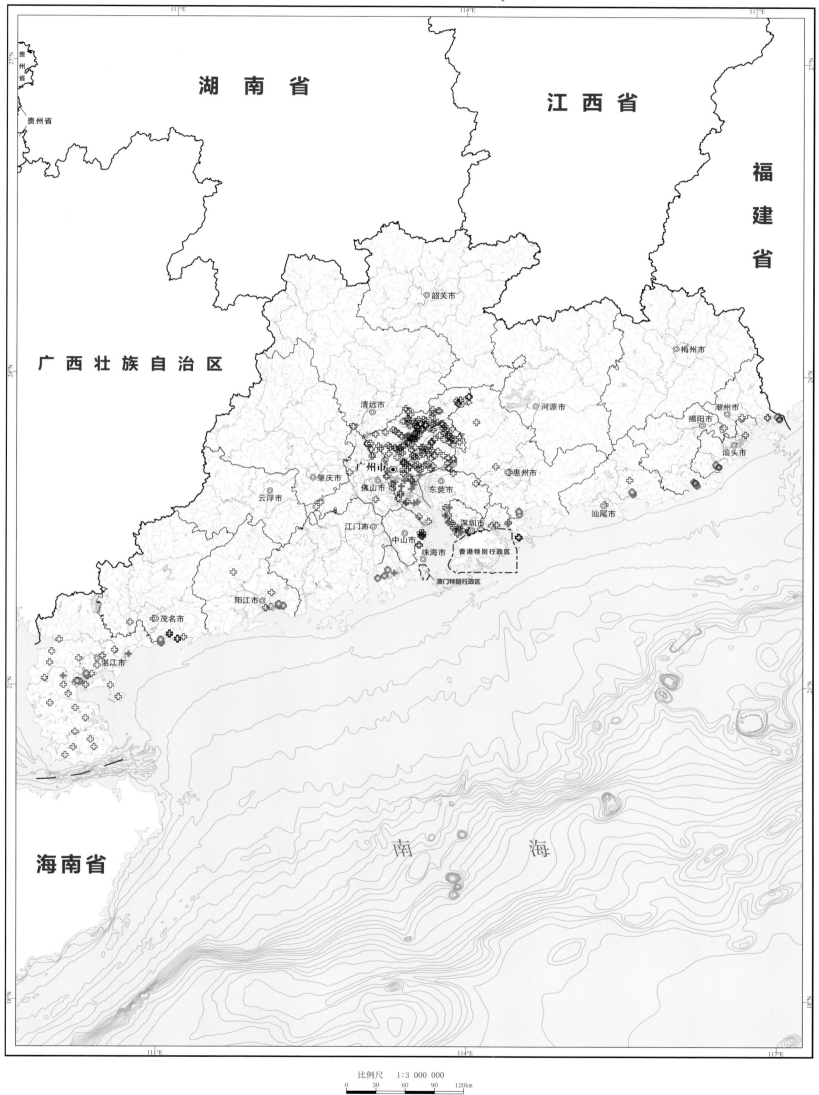

湖 南 省

江 西 省

福 建 省

贵州省

广 西 壮 族 自 治 区

◎韶关市

◎梅州市

◎清远市

◎河源市

◎潮州市
揭阳市◎
◎汕头市

◎肇庆市
◎广州市

◎云浮市
◎佛山市
东莞市◎
◎惠州市

◎汕尾市

◎江门市

◎中山市
深圳市◎
◎香港特别行政区

珠海市◎
澳门特别行政区

阳江市◎

◎茂名市

◎湛江市

海 南 省

南 海

比例尺　1:3 000 000

0　30　60　90　120km

广西壮族自治区咸水体分布图

广西壮族自治区地处我国南部，南邻北部湾，与海南省隔海相望，溺谷多且面积广，天然港湾众多，咸水体面积较小，仅为51.15km²，主要分布于北海市的沿海地区，由海水入侵和海水垂直入渗两种方式造成地下水咸化，大量抽取海水或高浓度卤水进行养殖，是加剧海水入侵和地下水咸化的主要原因，导致海水垂直入渗，部分地区地下水已完全变成卤水。北海市地下水开采量逐年增加，近岸地带已形成降落漏斗，沿海出现海水入侵现象，海水养殖引发北海市南部地区浅层潜水咸化及部分承压含水层咸化，范围不断扩大。

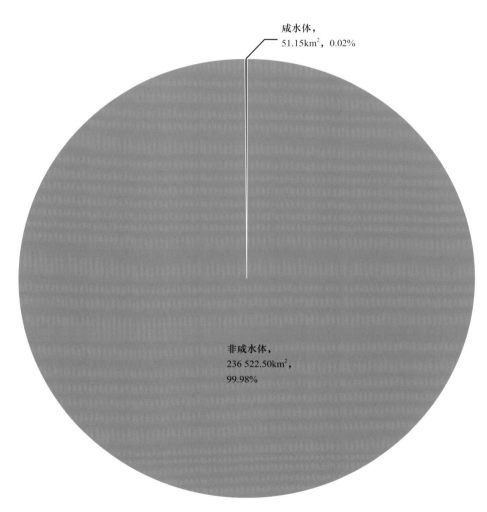

咸水体，
51.15km²，0.02%

非咸水体，
236 522.50km²，
99.98%

广西壮族自治区咸水体面积及在本自治区面积中占比

广西壮族自治区咸水体分布图

比例尺　1:3 000 000

0　30　60　90　120km

广西壮族自治区海水入侵现状图

广西壮族自治区沿海地区包括防城港、钦州和北海三市，海岸线弯曲，西起中越边界的北仑河口，东至英罗港，广西壮族自治区近海有众多径流流入北部湾，形成北部湾沿岸水，东侧有从琼州海峡流入的琼州海峡过道水，水文特征复杂，加之工农业发展和人类活动增加，地下水咸化严重。

广西壮族自治区海水入侵面积为 51.15km²，北海市海水入侵相对严重，主要发生在生物岸线、砂质岸线和淤泥质岸线附近，海水入侵面积分别为 30.94km²、13.99km²、6.22km²。

广西壮族自治区海水入侵面积与不同岸线类型统计表

	岸线类型	岸线长度（km）	海水入侵面积（km²）
1	河口岸线	5.27	
2	基岩岸线	11.09	
3	砂质岸线	225.52	13.99
4	生物岸线	302.54	30.94
5	淤泥质岸线	857.88	6.22

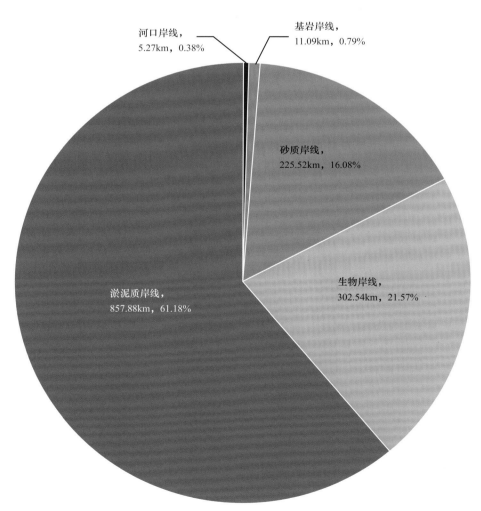

广西壮族自治区岸线英型长度及在本自治区岸线中占比

广西壮族自治区海水入侵现状图

四川省
重庆市
湖南省
贵州省
湖南省
云南省
广西壮族自治区
桂林市
河池市
柳州市
贺州市
百色市
来宾市
梧州市
贵港市
南宁市
玉林市
广东省
崇左市
钦州市
防城港市
北海市
北部湾
南海
海南省

比例尺　1：3 000 000

0　30　60　90　120km

图幅 29

广西壮族自治区监测站位分布图

广西壮族自治区共布设 55 个站位，主要监测指标为水位、氯离子浓度和矿化度，其中 29 个站位开展了稳定同位素和全离子分析。入侵类型分析结果表明：26 个站位未发现入侵，另外 3 个站位有轻微海水入侵。

广西壮族自治区地下水以淡水（氯离子浓度 < 250mg/L）为主，仅在北海市的部分区域采集到地下咸水样，表明广西壮族自治区沿海地区地下水受到海水入侵的影响微弱，沿海地区整体的地下水环境良好。受到地形地貌以及居民分布的影响，除了一些河口平原，地下水的开采利用率比较低，这是广西壮族自治区沿海地区受到海水入侵影响较小的主要原因。而地下淡水水样分布在全球大气降水线和当地大气降水线的两侧，表明地下水主要来源于大气降水。

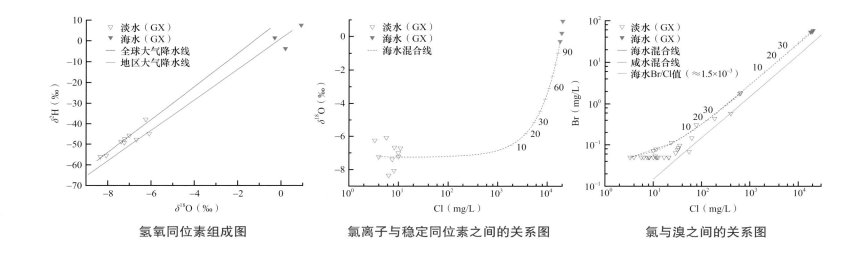

氢氧同位素组成图　　　　氯离子与稳定同位素之间的关系图　　　　氯与溴之间的关系图

广西壮族自治区监测站位分布图

比例尺　1:3 000 000

海南省咸水体分布图

　　海南省位于我国最南端，由海南岛、西沙群岛、南沙群岛、中沙群岛等一系列岛礁及其海域组成，是我国唯一的热带岛屿省份，海南岛是海南省的陆地主体，整体地势呈中部高、四周低，中部山体海拔多在 1500m 以上，是大多河流的发源地，外围逐层下降，河流随地势呈辐射状分流入海，水资源丰富。调查发现，出露在海岸附近的第四系地层可能受到海水混入，造成海边温泉的矿化度及氯离子含量相对较高（本次调查不作统计）。

　　海南省咸水体面积为 92.03km²，主要集中在乐东黎族自治县的莺歌海盐场及儋州市沿海区域。其中，莺歌海盐场位于海山之间，常年烈日炎炎，连绵群山挡住了海上风浪，海水自身含盐量较高，长期海盐生产及大规模的地下水开采导致水动力平衡被破坏，出现地下水咸化现象；儋州市沿海区域油气加工业较为发达，持续开采造成了地下水小范围咸化。

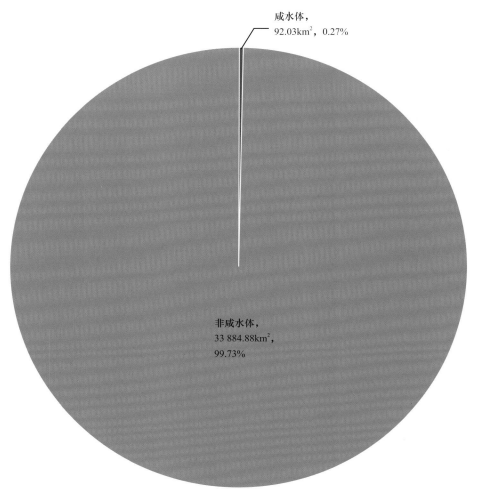

海南省咸水体面积及在本省面积中占比

海南省咸水体分布图

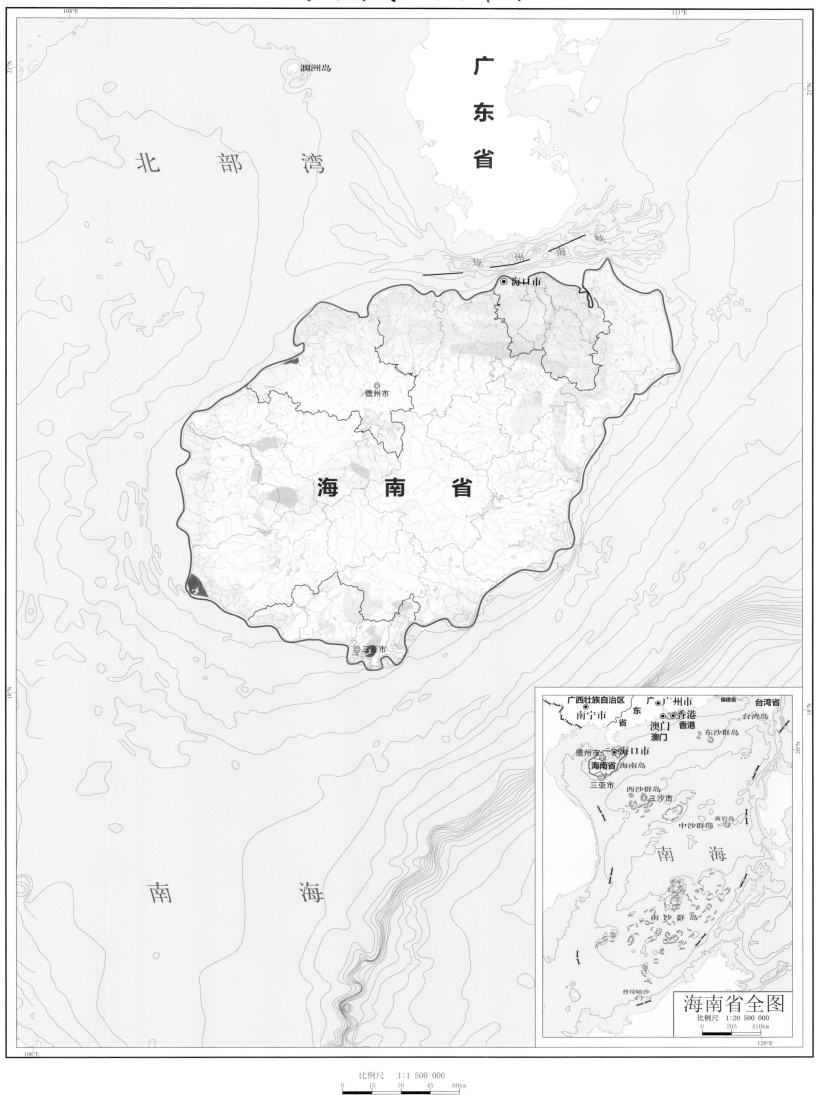

广东省

北部湾

琼州海峡

海口市

儋州市

海南省

三亚市

南海

洞洲岛

海南省全图

比例尺　1:20 500 000

0　　205　　410km

广西壮族自治区　广东省　福建省
南宁市　广州市　香港
澳门　澳门　香港　东沙群岛　台湾省
台湾岛
儋州市　海口市
海南省　海南岛
三亚市　西沙群岛
三沙市
中沙群岛　黄岩岛
南海
南沙群岛
曾母暗沙

比例尺　1:1 500 000

0　　15　　30　　45　　60km

海南省海水入侵现状图

海南省拥有全国最长海岸线，以砂质岸线为主，近一半砂质岸线因侵蚀而后退，主要分布在三亚市、文昌市、海口市等地区，而淤泥质岸线受人类开发和潮流、波浪等破坏，部分侵蚀严重，造成海水入侵。海南省海水入侵主要发生在砂质岸线的松散岩类地区，入侵面积为 91.75km^2。

海南省海水入侵面积与不同岸线类型统计表

	岸线类型	岸线长度（km）	海水入侵面积（km^2）
1	河口岸线	2.15	
2	基岩岸线	198.56	0.27
3	砂质岸线	982.08	91.75
4	生物岸线	239.95	
5	淤泥质岸线	411.88	

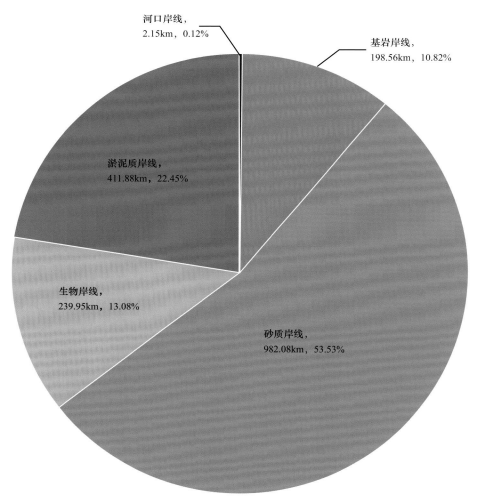

海南省岸线类型长度及在本省岸线中占比

海南省海水入侵现状图

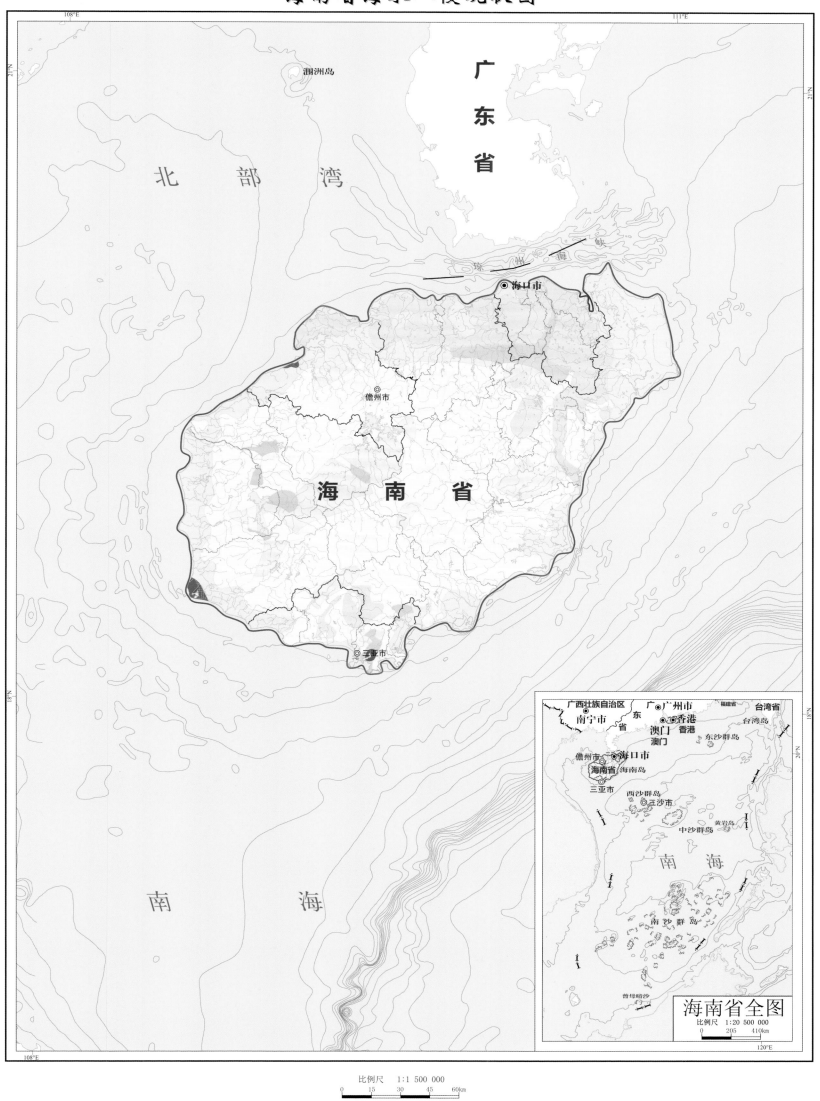

比例尺　1:1 500 000

北　部　湾

广　东　省

南　海

海　南　省

涠洲岛

琼　州　海　峡

海口市

儋州市

三亚市

0　　15　　30　　45　　60km

海南省全图

比例尺　1:20 500 000

0　　205　　410km

广西壮族自治区

南宁市

儋州市

海南省

三亚市

海口市

海南岛

西沙群岛

三沙市

中沙群岛

黄岩岛

南　海

南沙群岛

曾母暗沙

广州市

广东省

香港

澳门

东沙群岛

福建省

台湾省

台湾岛

海南省监测站位分布图

　　海南省共布设 81 个站位，主要监测指标为水位、氯离子浓度和矿化度，其中 35 个站位开展了稳定同位素和全离子分析。入侵类型分析结果表明：34 个站位未发现入侵，另外 1 个站位为严重海水入侵。

　　海南省地下水中氢氧同位素组成显示海南地下水样较为分散地分布在当地大气降水线的两侧，表明大气降水作为地下水的主要补给源，其对地下水水化学的控制并不占主导地位，并且海南岛沿海地区地下水除了淡水，部分区域还存在地下咸水，而通过对地下咸水体中的水化学成分进行分析发现，咸水样分布在淡水与海水混合线上，表明地下咸水体的咸化过程主要是受到海水混合的影响。综合分析，海南岛的沿海部分地区地下水受到了海水入侵的影响，整体地下水环境良好。

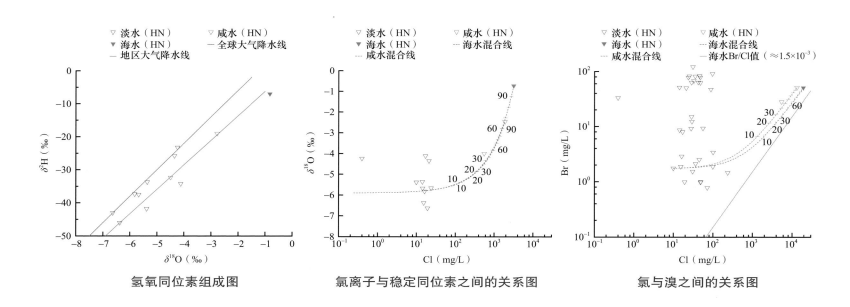

氢氧同位素组成图　　　　氯离子与稳定同位素之间的关系图　　　　氯与溴之间的关系图

海南省监测站位分布图

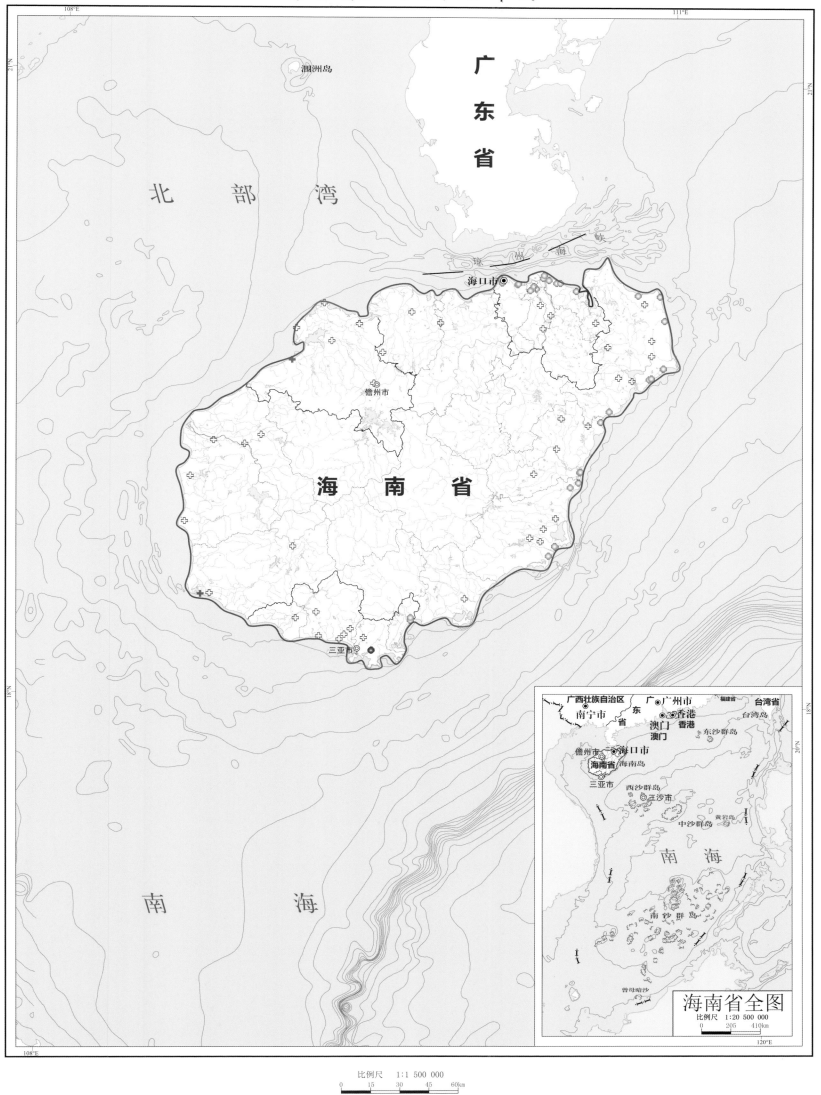

青岛市海水入侵现状图

青岛市海水入侵现状图

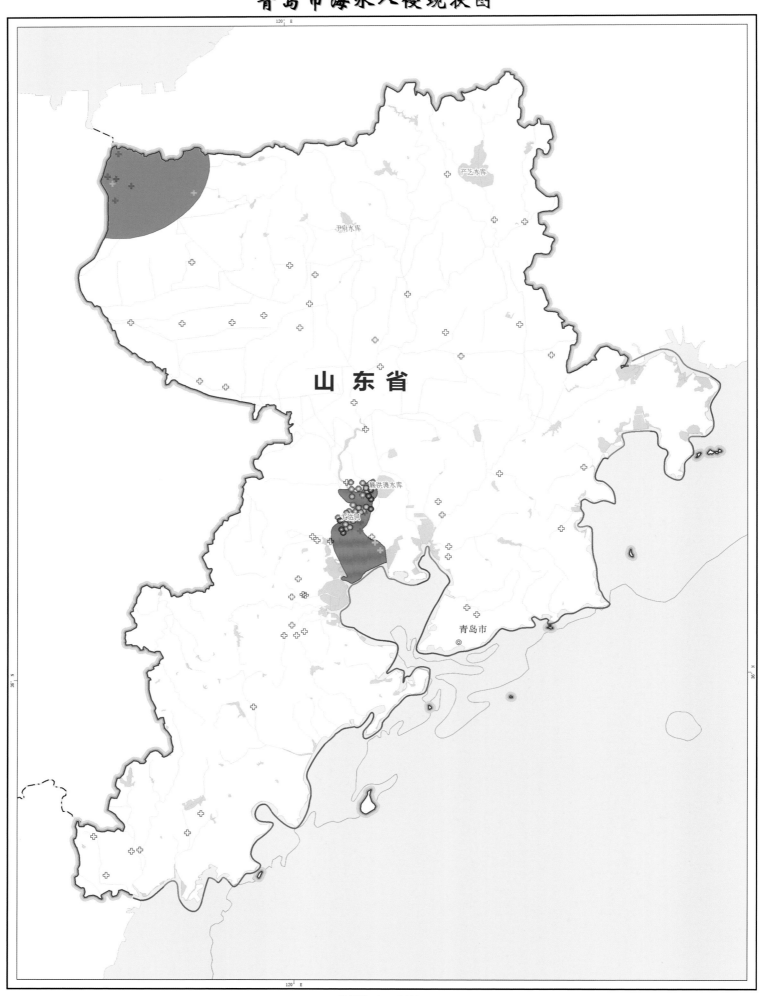

比例尺　1：550 000

0　5.5　11　16.5　22
km

潍坊市海水入侵现状图

潍坊市海水入侵现状图

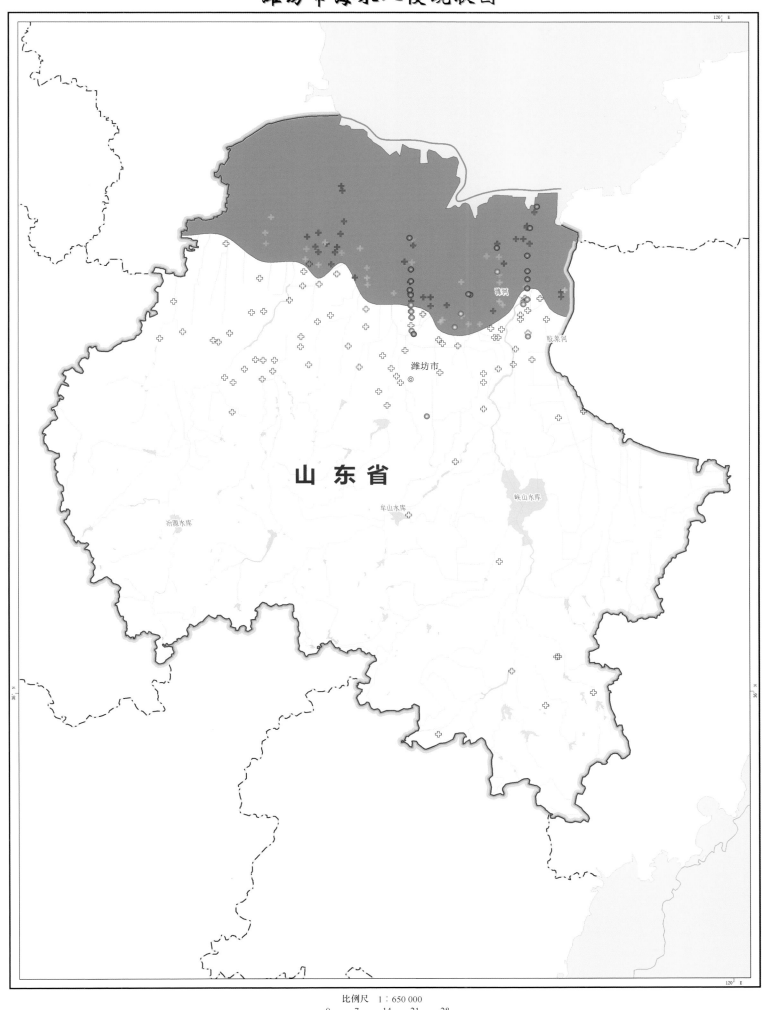

比例尺 1 : 650 000

0　7　14　21　28 km

龙口市海水入侵现状图

龙口市海水入侵现状图

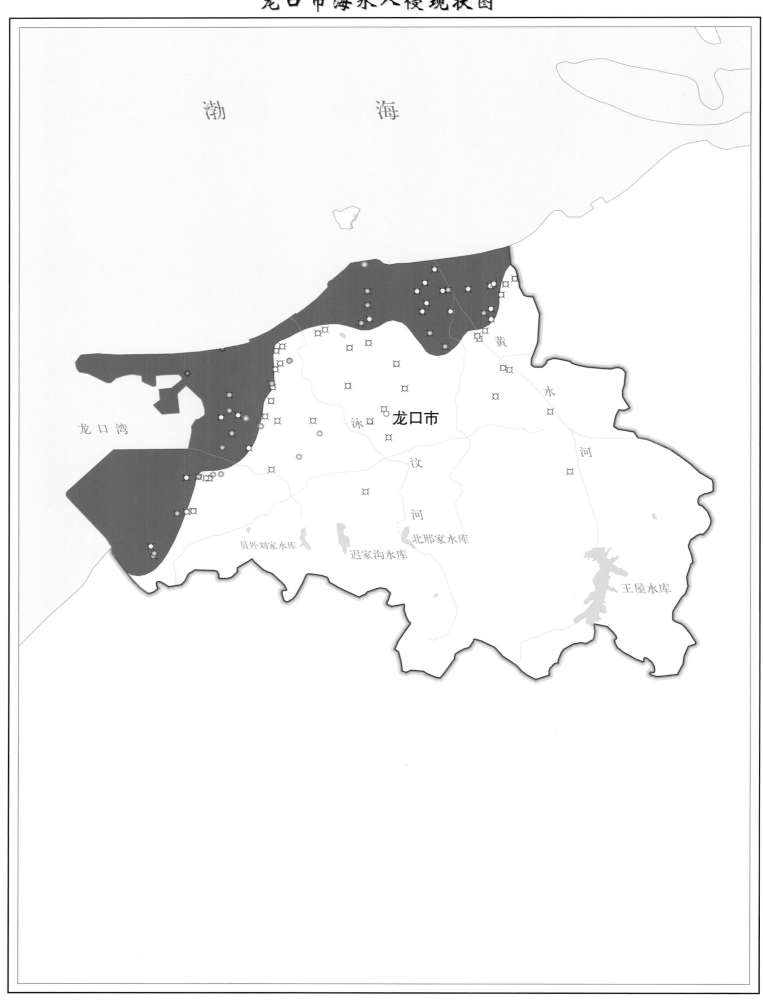

渤　　海

龙口湾

黄　水　河

龙口市

泳

汶

河

员外刘家水库

迟家沟水库

北邢家水库

王屋水库

比例尺　1:200 000

0　2　4　6　8km